W0171498

Gerd H. Meyden

WAS UNS JÄGERN WIRKLICH BLEIBT…

3. Auflage

Leopold Stocker Verlag
Graz–Stuttgart

Umschlaggestaltung: Werbeagentur / Digitalstudio Rypka GmbH. / Thomas Hofer, Graz
Titelbild: Gerd H. Meyden

Alle Fotos im Innenteil des Buches wurden dem Verlag freundlicherweise vom Autor zur Verfügung gestellt.

Bibliographische Information Der Deutschen Nationalbibliothek
Die Deutsche Nationalbibliothek verzeichnet diese Publikation in der Deutschen Nationalbibliographie; detaillierte bibliographische Daten sind im Internet unter http://dnb.ddb.de abrufbar.

Hinweis:
Dieses Buch wurde auf chlorfrei gebleichtem Papier gedruckt. Die zum Schutz vor Verschmutzung verwendete Einschweißfolie ist aus Polyethylen chlor- und schwefelfrei hergestellt. Diese umweltfreundliche Folie verhält sich grundwasserneutral, ist voll recyclingfähig und verbrennt in Müllverbrennungsanlagen völlig ungiftig.

ISBN 978-3-7020-1236-6
Alle Rechte der Verbreitung, auch durch Film, Funk und Fernsehen, fotomechanische Wiedergabe, Tonträger jeder Art, auszugsweisen Nachdruck oder Einspeicherung und Rückgewinnung in Datenverarbeitungsanlagen aller Art, sind vorbehalten.
© Copyright by Leopold Stocker Verlag, Graz 2009; 3. Auflage 2013
Layout: Klaudia Aschbacher, A-8111 Judendorf-Straßengel
Druck und Bindung: Druckerei Theiss GmbH, A-9431 St. Stefan

„Für Eugenie"

Inhalt

Vorwort

Im Laufe vieler Jahrzehnte habe ich eine ganze Menge Jagdbücher gelesen und mir von den jeweiligen Autoren ein Bild machen können. Das vorliegende Buch von Gerd H. Meyden gehört zur Kategorie der Bücher, die man zu lesen nicht versäumen sollte. Der Kenner spürt sofort, dass hier ein gewachsener Jäger schreibt, einer der schon in der Jugend das vielseitige und reizvolle Handwerk des Waidwerkes von der Picke auf gelernt hat. Mich beeindruckt in diesem Buch vor allem die Ehrlichkeit und die Genauigkeit der Schilderungen eigener Jagderlebnisse und ich bin bei der Lektüre dieses wirklich lesenswerten Werkes auf Reviere „gestoßen", in denen ich vor etlichen Jahren selbst gejagt habe. Es beeindruckt und freut mich, dass der Autor auch jenen unvergessenen Jagdschriftsteller des Leopold Stocker Verlags lobend erwähnt und zitiert, der unser aller Vorbild als Autor war: Wolfgang Freiherr von Beck. Er ist schon lange tot und würde es verdienen, neu aufgelegt zu werden. Ich halte ihn mit Gagern durchaus ebenbürtig, darüber hinaus ist er ein seinerzeit weithin Echo findender Autor unseres gemeinsamen Verlages.

Die jagdliche Ethik, die das Buch von Gerd H. Meyden vom Anfang bis zum Ende als wichtiger Inhalt begleitet, war auch das große Anliegen von Baron Beck, der somit nicht nur des Autors Vorbild ist, sondern auch meines. Ich würde es wünschen, dass die heutige jagende Jugend ihn kennen lernen würde, damit sie von ihm lernt, denn vieles wird heute „Waidwerk" genannt, was schon weit von der Ethik entfernt ist, und das gute Beispiel, das lehrende Wort vermag viel zu erreichen und manche, ein wenig Verirrte, auf den richtigen Weg zurückzuführen. In diesem Sinne ist Gerd Meydens Buch ein sehr wichtiger Baustein auch in unserer so schnelllebigen und seit meiner Jugend total veränderten Zeit. Ein lehrreiches, unterhaltsames und unverfälschtes Werk eines guten Waidmannes, das nur zu empfehlen ist.

Graz, im Jahre 2009   *Philipp Meran*

„...wie du's erjagst"

Des Jägers edelste Beute ist nicht der schweißbespritzte Bruch hinterm Hutband, noch die Hauptkrone an der Wand; auch dieses, die Beute, die Ausbeute kommt nicht mit äußerlichen Gebärden, sie ist inwendig in uns.

FRIEDRICH V. GAGERN

Die Erinnerung an das Erlebte, ob mit oder ohne greifbare Beute kann einem niemand mehr nehmen. Das Drum und Dran, und vor allem das „Wie" machen die Jagd zum Waidwerk. Wenn sie nur aus Schuss und Wildwanne besteht, dann ist der Zauber, wenn er sich überhaupt einstellen konnte, rasch verflogen.

Dazu möchte ich eine beispielhafte Geschichte erzählen:

Ein junger Jäger und lieber Freund, der mich selbst heute noch um Rat fragt, wollte gerne einen Hirsch erlegen. Sein Vater versprach ihm zur Promotion diesen Wunsch zu erfüllen. Zufällig bot mir ein befreundeter Berufsjäger die Möglichkeit an, in der Brunft auf einen alten, guten Hirsch zu jagen. Diese Gelegenheit sollte statt mir der junge Freund nutzen. Er und der Berufsjäger fuhren mit dem Auto bis auf 100 m zum Ansitzplatz. Als es schon fast zu dunkel war, trat der Hirsch auf die Wiese. Dem Berufsjäger war er bekannt, der Jagdgast sah nur einen dunklen Schemen. Der Jäger musste dem Schützen fast noch den Büchslauf zum Ziel dirigieren, so finster war es geworden. Mündungsblitz – Fortrumpeln und Zusammenbrechen. Der Hirsch lag nach 20 Metern. Bis die Jäger zum Wild herantreten konnten, war es „Kuhranzennacht". Man rief mich an, der Hirsch läge und ich solle zum Jägerhaus kommen. Nichts lieber als das. Meine Frau und ich eilten mit Jagdhorn, Fackeln und einer guten Flasche zum Jagdhaus des Berufsjägers. Aber als Schütze und Pirschführer eintrafen – wo war der Hirsch? Der Jäger hatte den Erlegten sofort auf den Anhänger geladen und in die kilometerweit entfernte Kühlkammer gebracht. Nichts war's mit Verblasen im Fackelschein und einer kleinen Feier am gerecht gestreckten Wild. Der Gast war um ein bedeutendes jagdliches Erlebnis betrogen worden. Ihm war nur die Erinnerung geblieben an blendendes Mündungsfeuer vor dunklem Wildkörper. Zwischen Schuss und Überreichen der Trophäe klaffte eine wochenlange Lücke, bis der junge Jäger endlich das wirklich gute Geweih des alten Hirsches in Ruhe und bei Licht betrachten konnte. Wenn es vorher schon so nüchtern zugegangen war – oft ist es gar nicht anders möglich – so hätte der Jäger, zu dessen Beruf das unbedingt gehört, dem Gast auf jeden Fall nach dem Schuss einen erinnerungswürdigen Rahmen gestalten müssen. Besonders bei einem „Ersten" Hirsch.

Mehr als ein halbes Jahrhundert ist vergangen, seit ich mit druckfrischem Jugendjagdschein glaubte, mich Jäger nennen zu dürfen.

Unendlich viele Reviere, unendlich viele und vielerlei Jäger konnte ich als Jäger und Hundeführer inzwischen kennen lernen. Die anfängliche Wundergläubigkeit an alle, die „grün" ausschauten, ist mit den Jahren einer kritischen, nüchternen Betrachtung gewichen.

Die vielen neuen Jagdscheinbesitzer, die nicht das Glück haben, langsam, am guten Beispiel anderer lernend, in die „Grüne Zunft" hineinzuwachsen, sind nach beendeten Jagdscheinkursen zum Teil sich selbst überlassen.

Bei Drückjagden, denen ich mit meinem Hund zur Nachsuche zur Verfügung stehe, höre und sehe ich so Einiges. So etwa, welch bedenklichen Weg manche Jungjäger im Zuge der „Mc-Donaldisierung" der Jagd eingeschlagen haben. Diejenigen „Bezahljagden", auf denen nur die geldbringende, höchstmögliche Anzahl des erlegten Wildes einziger, blanker Sinn und Zweck der „Veranstaltung" ist, geben nicht unbedingt gutes Beispiel ab. Ich denke da nur an ein Staatsrevier, wo bei einer Drückjagd weder ein Horn erklang, noch Strecke gelegt wurde, geschweige denn Brüche überreicht wurden. Das Wort „Waidmannsheil" wurde bei der Begrüßung strikt vermieden, obwohl sicher der eine oder andere echte Waidmann als Schütze dabei war. Als stummer Beobachter werde ich mich jedoch hüten, Anderen ungefragt Lehren oder Ratschläge zu erteilen.

In den vergangenen Jahrzehnten hat sich ungeheuer viel verändert und auch Dank besserer Einsicht und Erkenntnisse gewandelt. Das ist ein Gesetz des Lebens, denn alles fließt.

Nur eines sollte eherner, unwandelbarer Mittelpunkt all unseres jägerischen Handelns sein: die Ethik. Nennen wir es Anstand, Waidgerechtigkeit oder Achtung des brüderlichen Geschöpfes.

Der große und wahre Waidmann Wolfgang Freiherr von Beck hat es einst ganz klar ausgedrückt:

„Das jagdliche Ethos ist das feste und einzige Fundament, auf dem wir fest stehen und mit dem wir, wenn wir es verdummen und verspielen, auch fallen werden!"

Dem ist nichts hinzuzufügen.

Frühe „Jagdreisen"

Nur Reisen ist Leben, wie umgekehrt das Leben Reisen ist.
JEAN PAUL

Wenn einer heutzutage von Jagdreisen erzählt, dann sollte es unbedingt weit in die Ferne gehen. Namibia ist bald schon so alltäglich, als wenn einer vom Urlaub auf Mallorca berichtet. Nein, damit die staunende Runde die Löffel spitzt, da muss es schon nach Neuseeland, Alaska, Kamtschatka oder in den Tien Shan gehen.

Mit meinen frühen „Jagdreisen" kann ich da nicht punkten. In den Fünfzigerjahren da kannte man die wenigen jagdlichen Globetrotter, die je über des Vaterlands Grenzen hinaus ihre Büchse geführt hatten, alle beim Namen. Staunend und sehnsüchtig verschlang ich die Berichte eines Graf Hoensbroech, Ernst Zwilling oder Eben-Ebenau. Jedoch, wie man es meinem Sternzeichen Schütze nachsagt, verspürte ich schon früh Fernweh und Reiselust. Doch es war noch weit bis zu jenem Schritt, frei nach Mephisto: „Ihn treibt die Sehnsucht in die Ferne."

Von einer Jagdreise in die Weite der Welt konnte ich nur träumen und ich führte Freudensprünge auf, weil ich auf einen Rehbock ins Donaumoos eingeladen war.

Mein strenger jagdlicher Lehrprinz, Graf Bülow, der in München 1951 ein Bläserkorps gegründet hatte, dessen jüngstes Mitglied ich war, hatte seinen Wirkungskreis nach Augsburg verlegt. Auch dort hatte er schnell junge Jäger für Brauchtum und waidgerechtes Jagen begeistern können. Zur Feier der bestandenen Jägerprüfung seiner Schützlinge waren wir zur festlichen Umrahmung mit Hörnerklängen zur Stelle. Die gestandenen „alten Jäger" und Revierinhaber luden uns nun zur Belohnung auf einen Rehbock ein. Mein Gönner war ein Augsburger Urgestein – der Heindl Schorsch. Die Einladung war im Herbst ausgesprochen worden, und ich konnte es kaum erwarten, dass es endlich Juni würde. Doch zuvor musste ich selbst die Jägerprüfung machen.

Das war damals noch ein recht einfaches Spiel, mir jedenfalls erschien es so, der ich mit Jagd und Hunden aufgewachsen war. Die Prüfer kannten mich allesamt. Entweder es waren Hundeleute – ich führte ja schon selber auf Verbandsprüfungen – oder sie kannten mich als passionierten Jagdhornbläser. Mit einem der Prüfer diskutierte ich über Deutsch-Kurzhaar-Mutterlinien, mit dem anderen, der Wildkunde prüfte, über Rezepte der Wildzubereitung. Die Schießprüfung war ein Vergnügen, sodass ich frech nach schwereren Tontauben fragte. Das fachliche Wissen, welches damals gefordert wurde, konnte ich locker und ausführlich unter Beweis stellen. Die „Alten" waren froh, so begeisterten Nachwuchs in ihren durch den Krieg gelichteten Reihen zu haben.

Es kam nun die Blattzeit heran, und der Heindl Schorsch wollte mich auf meinen „Ersten" führen. Ich wohnte damals in einem Vorort im Westen Münchens. Die Entfernung von „lächerlichen" 80 km bis Augsburg strampelte ich daher per Fahrrad ab. Eine Büchse, hieß es, bräuchte ich nicht mitzubringen, der Schorsch wollte mir seinen Drilling leihen. So radelte ich frohgemut, mit druckfrischem Jugendjagdschein, grünbehemdet gen Westen. Ab und zu begegneten mir ebenfalls grüngewandete Pfadfinder. Freundlich grüßend hielten sie mich für einen der Ihrigen. Um sie nicht zu enttäuschen, entgegnete ich auch mit Pfadfindergruß, den ich ihnen schnell abgeguckt hatte.

In Augsburg angelangt, bestieg ich den VW-Käfer vom Heindl Schorsch und wir schnurrten frohgemut gen Donauried. Im Revier, in der Nähe von Mertingen, hatte der Schorsch eine winzige Jagdhütte, klein wie eine Schuhschachtel, inmitten eines Kiefernwaldes. Ich wurde ermahnt, stets sofort die

Türe zu schließen, denn draußen sangen und sirrten blutdürstige Mückenwolken. Denen war ich mit meinen kurzen Lederhosen ein willkommenes Opfer. Die Frau vom Schorsch – selber Jägerin – mied das Revier im Sommer, da sie auf Insektenstiche allergisch reagierte.

Gegen die Mückenplage hatte ich ein Mittelchen dabei – Bonomol – das bei unvorsichtiger Anwendung auf den Schleimhäuten und an den Augen höllisch brannte. Doch jetzt, glaubte ich als „gestandener Jäger", könnte eine Pfeife meine „Würde" unterstreichen und zugleich die lästigen Insekten vertreiben. Ich hatte mir schon fachmännisch eine teure Pfeife eingeraucht, indem ich den Pfeifenkopf innen mit Honig eingestrichen hatte. Das, so sagten mir die Experten, würde den richtigen Brand geben. Es gab ihn auch, vor allem auf meiner Zunge. Ich schmeckte nichts mehr, außer salzig oder süß, aber ich fand, es sehe furchtbar fesch aus, so lässig mit der Pfeife im Mund.

Zum Abendansitz brachte mich der Jagdherr auf einen Sitz an einer Erle am Rande des Moores. Er hatte dort einen Einstangenbock bestätigt. Stolz und glücklich, endlich allein ansitzen zu können, kraxelte ich auf meinen Erlensitz. Der Drilling mit der 8x57R-Kugel duftete wunderbar nach Ballistol. Immer wieder musste ich daran schnuppern. Am Geruch dieses Waffenöls hängen für mich seitdem immer noch die schönsten Erinnerungen.

Im schwindenden Büchsenlicht erspähte ich den Gesuchten, aber die Entfernung war zu groß. Eifrig trieb er seine Geiß in immer weiteren Kreisen von mir fort.

In der Nacht fand ich vor lauter Vorfreude kaum Schlaf – eine lästige Eigenschaft, die mich auch heute, nach so vielen Jahrzehnten, noch nicht verlassen hat. Zum Aufstehen in aller Herrgottsfrühe brauchte ich keinen Wecker. Schon vor dem ersten Dämmern saß ich mückenumsirrt auf meiner Leiter. Ich rauchte eine Pfeife nach der anderen, meine Zunge wurde immer pelziger und gefühlloser.

Da erspähte ich im ersten Morgenlicht den Gesuchten. Wieder trieb er keuchend seine Geiß, wieder war er viel zu weit. Da hielt es mich nicht mehr auf meinem Sitz und ich pirschte mich an. Die Strafe folgte sogleich. Die Geiß bekam mich in den Wind und sprang, den Bock mit sich fortnehmend, ab. Enttäuscht und verärgert über meine Ungeduld schlich ich zu meinem Erlensitz zurück. Doch die grünen Geister hatten ein Einsehen. Bald rauschte es in den Erlenstauden und der Bock trieb, nun wesentlich näher, seine Geiß in Kreisen und Girlanden um die Büsche. Mit dem Drilling im Anschlag, das Herz hämmerte bis zu den Ohren, wartete ich, dass er einmal verhoffen würde. Endlich stand er breit. Eingestochen! Ich nahm mich zusammen und der erlösende Schuss knallte ins stille Moor. Mit taumelnder Flucht verschwand der Getroffene im Gesträuch.

Als ich nach einer nie enden wollenden Halbstunde zum Anschuss ging, wies mir blasiger Lungenschweiß die Fluchtbahn. Nach wenigen Metern stand ich dann vor meinem Ersten, dessen einzige Stange, etwa zehn Zentimeter hoch, wie ein Korkenzieher gewunden war.

Nachdem ich ihn aufgebrochen hatte – mit den von Blutgier wie tollen Bremsen und Mücken eine wahre Tortur – verblies ich ihn, ich war ja schließlich Jagdhornbläser, mit allen passenden Signalen. Am liebsten hätte ich noch Zugaben gemacht.

Bald erschien der Schorsch, der sich mit mir freute und mir den ersten Erlegerbruch – natürlich Erle – überreichte. Seitdem ist mir der Erlenbruch, wenn's keine Zirbe oder Latsche gibt, der liebste geblieben.

Es war noch früh am Morgen, und so wollte der Freund mit mir einen Pirschgang durchs Moos machen. Den Bock ließen wir zum Ausschweißen an einem schattigen Platz zurück. Es ging an Torfstichen, an rohrkolbenumwachsenen Tümpeln vorbei, aus denen paakend Enten aufstiegen, immer weiter hinein ins menschenleere, weite Donauried. Auf einer größeren Freifläche machten wir einen geringen Bock aus.

„Auf, Gerd, den schiesch jetzt au no!" forderte mich der großzügige Versucher auf.

„Nein Schorsch, vielen Dank, aber versteh' mich recht, das Erlebnis vom Morgen, das soll heute einzigartig bleiben!"

Der liebe Freund verstand mich gut und schoss nun selbst den geringen Gabler. Den wollte aber jetzt ich tragen und packte mir den Erlegten in den Rucksack. Mittlerweile stand die Sonne hoch am Himmel und machte den glühenden Hundstagen alle Ehre. Der Schweiß rann mir in Strömen herab, schwemmte das Mückenmittel fort, und Pfeife rauchen – das war sinnlos. Zeitweise waren meine nackten Knie geradezu grau von Blutsaugern und ich verstand sehr gut, warum die Frau vom Schorsch hier im Sommer fernblieb.

Ich habe in späteren Jahren in diesem Revier noch so manchen Rehbock glücklich schwitzend zur kleinen Jagdhütte getragen, aber da war ich besser gegen die Bluträuber gewappnet.

Der korkenzieherartig gewundene „Einstangler" hängt heute an einem Ehrenplatz auf einem besonderen Taferl neben einem anderen, der eine hohe Anzahl meiner Rehböcke rundete.

* * *

Meine nächste „Jagdreise" führte mich in den Chiemgau. Auf den zahlreichen Hundeprüfungen schloss ich nähere Bekanntschaft mit dem Freiherrn Crafft von Crailsheim. Sein Familiensitz, das Schloss Amerang, mit dem berühmten, von den Scaligern erbauten Renaissance-Innenhof wurde bereits im Jahre 1072 urkundlich erwähnt. Er lud mich ein, geringe Böcke nach Herzenslust zu schießen und auf dem Schloss könne ich überdies nächtigen. Er selbst wohnte nicht mehr darin, er hatte sich drunten am Ortsrand eine Villa erbauen lassen. In seiner herzlichen, geraden und manchmal recht rauen Art – er hieß daher auch der Raugraf – sagte er mir auch, warum: „Da dro'm im Schloss, da mog i net blei'm, da ziagt's mir am Abort oiwei so

eiskoit am Arsch aufi!" Das waren die jahrhundertealten Fall-
klosetts, die ihn ins Tal vertrieben hatten.

Und noch eine andere Geschichte ist bezeichnend für ihn.
Gleich nach der Besetzung Bayerns durch die Amerikaner waren Waffenbesitz und Jagen bei Todesstrafe verboten. Jedoch
der „Raugraf" ging munter weiter auf die Jagd. Das blieb der
Besatzungsmacht nicht verborgen und so kam er vor Gericht.
Dort ließ er sich die Schneid nicht abkaufen und erklärte den
verdutzten Anklägern: „Meine Vorfahren sind hier schon auf
die Jagd gegangen, als ihr noch nicht einmal entdeckt wart,
und ich lasse mir das auch nicht von euch verbieten!" Solche
Töne hatten die Amis noch nie gehört. Und der Prozess schien
übel für ihn zu enden. Da rettete ihn ein Zufall und ein findi-
ger Verteidiger. Sein Sohn Bernulph hatte gerade spektakulär
als Erster die Watzmann-Ostwand im Winter-Alleingang be-
zwungen. Und der Vorsitzende Richter war, wie der Anwalt
herausgefunden hatte, ebenfalls ein begeisterter Bergsteiger.
Als nun die neue Verhandlung wieder in neue Beschimpfun-
gen des uneinsichtigen „Wilderers" auszuufern drohte, sagte
der Anwalt dem Richter, dass dieser doch der Vater jenes „brave Bernulph" sei. Darauf tat jener den weisen Spruch: „This
man is okay, let him go!"

Die Einladung mit unbegrenzt freier Büchse auf geringe Böcke versetzte mich in den siebten grünen Jägerhimmel. Die
Entfernung nach Amerang war jedoch nicht per Fahrrad zu
bezwingen, zumal ich nicht ohne Hund sein wollte. Ich war
und bin immer noch der Ansicht, dass der brauchbare Hund
genauso wie die Büchse oder Flinte zum echten Jäger gehört.
Mein Lehrprinz prägte mir schon früh ein: Jagd ohne Hund
ist Schund!

In den Pfingstferien fuhren wir, Deutsch-Kurzhaar Birko
und ich, per Bahn – das Rad kam in den Gepäckwagen – nach
Obing im Chiemgau. Von dort sollte es mit dem Drahtesel weiter nach dem Schloss gehen. Erst ging es jedoch mit dem Vor-
ortszug zum Münchner Hauptbahnhof.

Den Hund an der Seite, auf dem Buckel der Rucksack, Büchsflinte auf der Schulter, das war ein Anblick, der damals niemandem sonderbar vorkam. Wir durchquerten den Bahnhof, und ab ging's nach Obing.

Ich meldete mich beim Baron und er begleitete uns zum Schloss. Dort wies er mir ein Gästezimmer zu. Von wegen Gästezimmer: das klingt recht allgemein. Es war ein Riesensaal, etwa sechs Meter hoch und in den Ausmaßen einer Luxussuite. Doch darin mönchisch karg nur ein Bett, ein Stuhl und ein Waschtisch mit Wasserkanne und -schüssel. Hat mir auch völlig genügt, der ich ja ständig draußen im Wald sein wollte.

Ich wurde mit der einzigen Mitbewohnerin bekannt gemacht, einer bildschönen, blutjungen Komtess, die ebenfalls im Schloss auf Besuch weilte. Das Verlockende der Situation kam mir damals gar nicht in den Sinn, ich hatte eh nur Rehböcke im Kopf. In Schloss und Reviergrenzen eingewiesen, verließ mich mein großzügiger Gastgeber.

Erst einmal durchstreifte ich mit seiner Erlaubnis die vielen unbewohnten Räume. Neben meinem Saal war ein noch viel größerer – vollgestapelt mit jahrhundertalten Antiquitäten, die seit Generationen immer neuen Zuwachs bekommen hatten. Auch gab es ein „Tütenzimmer". Der Baron erzählte mir, ein Vorfahr hätte den Spleen gehabt, dass keine Tüte weggeworfen werden dürfe, man könne sie sicher irgendwann wieder verwenden. Also sammelte das Personal Tüte um Tüte, bis der Raum – und es war kein kleiner – mit Tüten vollgepackt war.

Bevor man über den Schlossgraben ins Gemäuer gelangte, konnte man die Grabstätten etlicher Generationen heißgeliebter Dackel bewundern. Der rauen Schale weicher Kern.

Schnell hatte ich mich in meiner Bleibe eingerichtet, dem Hund ein warmes Lager für die Nacht hergerichtet und schwang mich aufs Rad, bretterte den Schloßberg hinab, jägerischen Taten entgegen.

Rehe gab's reichlich in dem damals noch wenig zersiedelten Voralpenrevier.

Es war nicht schwer, Anfang Juni zu Anblick und Beute zu kommen. Jeden Tag trug ich einen Bock oder ein Schmalreh ins Dorf zum Baron hinunter. Mittags und abends gab es dann entweder Rehleber oder Herz und Nieren. Mein schmales Taschengeld als Gymnasiast reichte nicht für großartige Einkäufe. In der alten Schloßküche habe ich für die staunende Komtess mitgekocht, die nur ein wenig assistieren konnte. Der Küchenchef war ich. So ging es eine ganze Woche lang, immer Leber, Leber, Leber. Ich ließ mir einige Variationen einfallen, doch so toll war meine Kochkunst auch wieder nicht, dass es nicht langsam eintönig zu werden begann. Mein schöner Tischgast verspeiste klaglos, was ich da zusammenbrutzelte. Am vierten Tag kam ich auf die rettende Idee, auch einmal Leberknödel zu machen. Das war dann der Schlager der Woche. Zum Abschiedsmahl durfte sich das Komtesserl eine Lieblingsvariante aussuchen – nochmals Leberknödel. Ich bin mir ganz sicher, sollte sie später einen Jäger geheiratet haben, dass er ihr mit Rehleber ganz gewiss vom Hof bleiben sollte.

Eines aber hat sie allenfalls gelernt: Wie kocht man Rehgwichtl aus. Jeden Tag gab es ein neues frisch zu präparieren, wobei sie mir interessiert zuschaute. Ob das jedoch für ihren späteren Lebensweg von Bedeutung war – das wage ich zu bezweifeln.

Nach einer beute- und erlebnisreichen Woche radelte ich mit sechs Rehgwichtln im Rucksack wieder der Heimat zu. Dem Hund jedenfalls ist das „Jägerrecht" mit Herz, Leber, Nieren und Pansen nicht zuviel geworden.

Auf einer der nächsten Hundeprüfungen begrüßte mich der Baron mit meinem neuen Namen: „Servus Leberknödel!"

* * *

Die nächsten „Jagdreisen" führten mich in den fränkischen Jura. Sie sehen schon, ich zog nun meine Kreise von Mal zu Mal weiter. In einem jagdlichen Fortbildungskurs lernte ich ein Ehepaar kennen, das mir sein Revier nordöstlich von Ingolstadt öffnete. Auch dorthin brachte mich das Fahrrad.

Erst ging es etwa 20 km über Feldstraßen nach Dachau zum Bahnhof. Der Kurzhaar trabte wie immer flott nebenher. Weiter per Bahn bis Ingolstadt, dann wieder erst quer durch die Stadt geradelt und dann hinaus gen Gaimersheim über den Reisberg nach Böhmfeld. Das waren auch wieder etliche „zig" Kilometer. Für den Hund kein Problem – nur wenn Katzen am Wegesrand schlichen, gab's unfreiwilligen Aufenthalt.

Das Revier lag einsam um das kleine Dorf, umgeben von sanften felsigen Waldhügeln, unterbrochen von wacholderbestandenen Magerwiesen, zwischen denen sich fossile Flusstäler schlängelten, die seit der letzten Eiszeit trocken waren. Der Jagdherr, ein väterlicher Freund um Mitte Vierzig, war verheiratet mit einer passionierten Jägerin, die aus Siebenbürgen stammte. Sie konnte noch viel erzählen von der elterlichen Jagd in den Karpaten um Kronstadt, ihrem ehemaligen Heimatort. Unter anderem brachte sie mir, es war gerade der Ungarn-Aufstand von den Kommunisten blutig unterdrückt worden, den Schlachtruf der Revolution: „Es lebe die ungarische Freiheit!" auf ungarisch bei. Das hätte mich viele Jahre später beinahe hinter Gitter gebracht. Bei einem Aufenthalt in Budapest wollte ich, voll des tückischen Plattenseer Rieslings (wenn ich daran denke, bekomme ich heut' noch Kopfweh), den Einheimischen freundliche Worte zurufen. Nachdem ich, naiv wie ich war, „Éljen a magyar szabadság!" ins Lokal gerufen hatte, packten mich schnell ein paar gutwillige Ungarn und schleppten mich fort, bevor mich die herbeigerufene Geheimpolizei als vermeintlichen Aufwiegler verhaften konnte.

In Böhmfeld wohnte ich in der Gastwirtschaft Ostermeier in einem kleinen Gastzimmer – es war ein Kontrastprogramm zu meinem Saal im Schloss Amerang.

Damals zogen nur vereinzelt Sauen ihre Fährte durch den Jura. Denen galten meine bis spät in die Nacht dauernden Ansitze. Gehört habe ich die heimlichen Schwarzkittel wohl, wenn die Frischlinge erzieherische Lektionen erhielten, doch nie bekam ich einen der Sippe in Anblick.

Unheimliche Gerüchte über Wilderer und Jägermorde machten damals die Runde und beflügelten meine lebhafte Fantasie. Ich malte mir in den tollsten Farben aus, wie ich den Lumpen fangen und abführen würde. Dafür besorgte ich mir eine Pistole, die ich, so lästig und schwer sie war, stets mit mir führte.

Eines Nachts schnürte ich nach einem vielstündigen Sauenansitz heim zum Dorf. Der bleiche Mond wurde von jagenden Wolken zeitweilig verschattet, und ich gelangte gerade aus einem Hohlweg hinauf zu einer Freifläche. Da stand plötzlich ein riesiger Kerl vor mir mit dem Gewehr im Anschlag. Das Blut wollte mir erstarren. Ich riss die Büchse von der Schulter, die Stimme versagte mir vor Schreck und ich konnte nur krächzen:

„Hände hoch, Gewehr weg!"

Der Kerl reagierte nicht. Zielte weiter auf mein junges Leben. Doch bevor ich schießen konnte, merkte ich, dass meine überreizte Fantasie mir einen Streich gespielt hatte. Ein windzerzauster Wacholderstrauch war mein stummer Widersacher. Ein dürrer Ast ragte seitlich hervor, dass es im fahlen Schimmer der Mondnacht leibhaftig wie der Umriss einer zielenden Gestalt erschien. Mit trockenem Mund musste ich mich erst einmal setzen. Das durfte ich keinem Menschen erzählen, denn das gäbe ein schönes Gelächter. Langsam, mit der Hand an der Pistole, schlich ich fort und das Schnackeln der Knie ließ nach. Vorerst hatte ich genug vom Wildererfangen.

In einem Föhrenwald auf der Kuppe einer der zahlreichen Hügel hatte ich einen abnormen Rehbock ausgemacht. Beide der eng stehenden Stangen waren korkenzieherartig verdreht, ein rechtes Wurm-Gehörn. Den wollte ich unbedingt haben. Der Jagdherr gab ihn mir frei und sprach für alle anderen Mitjäger das Tabu über ihn aus. Ich hatte ihn ausgemacht – ich allein sollte ihn auch erlegen dürfen. Aber der „Verdrehte" machte es mir nicht leicht. Auf einer hohen Föhre baute ich mir in einer Astgabel ein Brett ein und hockte wie ein Uhu den halben Sommer jedes Wochenende dort droben. An einem Regentag, ich saß schon seit dem Morgengrauen mit umgehängtem Lodenkotzen auf meinem Brett, erschien der Langgesuchte, vertraut äsend im lückigen Bestand, vor meinem Baum. Langsam hob ich die Büchsflinte. Bevor ich ins Ziel gehen konnte, sprang der Bock in panischer Flucht ab und seine Schimpfkanonade musste ich mir noch von weit her anhören. Was war geschehen? Der Wind war doch gut. Der Hund war heute auch nicht dabei und wie sonst unterm Baum abgelegt. Doch als ich nach unten blickte, da sah ich die Bescherung. Kurz vorher hatte ich meine tropfende Nase mit einem Taschentuch abgewischt. Dies hatte ich nur auf meinem Schoß abgelegt. Durch das Heben des Gewehrs hatte sich der Kotzen gestrafft – und das Taschentuch war zu Boden gesegelt. Dümmer kann's wohl nicht gehen. Der Abnorme war hier vorerst vergrämt.

Ich musste mir eine andere Seite des Waldkopfes aussuchen. Die fand ich oberhalb eines alten Steinbruchs, wo man früher Kalksteinplatten – ähnlich jenen bekannten Solnhofer Platten, gebrochen hatte. Das Glück des Anfängers war mir hold. Schon beim dritten Ansitz klappte es, und stolz trug ich meine Beute zum Gasthaus. Doch ich wollte mich noch nicht trennen, von meinem heiß Erkämpften. Ich hing ihn, wie ein Stilleben dekoriert, mit Büchsflinte, Glas, Hut und Schweißriemen in meinem Gastzimmer an den Kleiderhaken der Türe. So wollte ich ihn vom Bett aus betrachten und mich an ihm erfreuen. Ich könnte ihn ja erst am nächsten Tag abliefern. Da ich mit meiner Ansitzerei vom ersten Morgengrauen bis zum letzten Büchsenlicht schon reichlich übernächtig war, so wollte ich heute schon früher in die Federn schliefen. Aber da sollte nichts Rechtes draus werden.

Die Türe, an der mein Bock hing, führte nämlich in den Festsaal des Gasthauses. Und heute sollte dort eine Hochzeitsfeier stattfinden. Direkt hinter dieser Tür hatte sich die Dorfkapelle mit all ihren Instrumenten aufgebaut. Davon ahnte ich jedoch nichts, bis mich unglaubliches Getöse senkrecht aus dem Bett hob.

Der Bombardon dröhnte und bumperte, die Trompeten und Posaunen schmetterten, als gelte es, die Mauern von Jericho einzustürzen. Dazu hackte der Trommler wie besessen auf seine Fässer und Tonnen ein, es klang wie das jüngste Gericht bei Gewitter und Kanonendonner.

Die Scheiben klirrten im Takt, die Musiker waren voller Schwung und legten wie besessen los.

Ich floh. Doch wohin? Zum Nachtansitz? Erst einmal fort aus dem Inferno. Wenn eine Zehn-Mann-Blaskapelle zwei Meter neben einem loslegt, da bleibt kein Auge tränenleer! Zum Glück war mein Hund bei meinem Bruder auf der Jagd geblieben. Hier hätte er einen Kollaps bekommen oder er hätte herz- und steinerweichend geheult. Ich packte meine Büchse und flüchtete in den Wald. Dort war's schon reichlich dämmrig. Ich schaute nach dem Mond. Na Servus – auch das noch. Schmal wie der Rand des Fingernagels stand die Sichel des jungen Mondes am Osthimmel. Also mit dem Nachtansitz war's Essig!

Zurück im „Gasthaus Tschingderassa" bot der Schankraum auch keine Zuflucht. Kein Licht, kein Mensch da. Alles war droben im Saal. Was blieb mir übrig? Die Flucht nach vorn! Rucksack, Glas und Büchsflinte in meine Stube – tief durchgeschnauft – und hinein ins Vergnügen.

Die Dorfbewohner schienen mich schon erwartet zu haben, es war für sie ganz selbstverständlich, dass der junge Jäger, der bei ihnen jagte, auch beim Fest dabei war.

Um es kurz zu machen, ich habe bis weit nach Mitternacht die strammen Bäuerinnen geschwenkt, getanzt „wie der Lump am Stecken". Meine Haferlschuh mit den Profilsohlen eigneten sich schlecht für die Dreher. Nix wie runter mit den Schuhen, „strumpfsockert", das ging schon wesentlich besser. Zum Glück sind die Bauern ja alle Frühaufsteher, so dachte ich, und die „Sause" würde sich nicht allzulang hinausziehen.

Der „Harte Kern" hielt aber durch. Ins Bett bin ich dann nicht mehr gegangen, das erste zarte Morgengrauen lockte mich ins Revier. Ich packte meine Siebensachen, schwang mich aufs Rad und verkrümelte mich in den Wald. Fernverweht hörte ich noch die bierseligen Gesänge der heimwärts Wankenden.

Wen wundert's, dass ich in meinem Bodensitz auf einem Felsköpferl nach einiger Zeit eingeschlafen war. Vielleicht waren aber grad an diesem Morgen die Sauen da und dachten beruhigt, was da so schnarcht, das kann nur ein Artgenosse sein.

Ziemlich übernächtig trieb mich der Hunger zurück zum Gasthaus. Ich stapfte die knarzende Treppe zu meinem Zimmer hinauf, da ertönte daraus ein markerschütternder Schrei:

„A Viech, a Viech, Hilfe, a Viech!"

Ich stürzte in meine Kemenate. Das Bild war umwerfend komisch. Der längst erstarrte Rehbock war von seinem Kleiderhaken an der Türe gerutscht und zu Boden gefallen. Dort war er auf allen Vieren gelandet, in einer Stellung, als lebte er und würde sich gerade zum Sprung ducken. Davor stand zitternd und bebend, mit vor Schreck weit aufgerissenen Augen das Stubenmädel, wie gebannt von dem „Untier", unfähig zu fliehen.

„Da, da!"

Sie deutete mit zitterndem Finger auf den im Halbdunkel Liegenden.

Erst erschrak auch ich, doch dann lachte ich, lachte Tränen. Und das löste die Schreckstarre der Haustochter.

Die Tröstung aus der eh schon schmalen Reisekasse tat ihrer „erschütterten" Mädchenseele gut, aber vielleicht waren es auch unsere gemeinsamen Polkas und Landler der letzten Nacht, die sie nun verzeihend und milde stimmten.

Mein Niederwildrevier

Ein stiller Sommerabend geht zur Neige. Im Westen vollendet der rotglühende Ball der Abendsonne den heißen Julitag. Letzte Grillen schrippen und schrillen müd im Wiesenhang. Mauersegler am Abendhimmel jagen mit grellem Gekreisch ihre Insektenbeute. Langsam steigt die Kühle des Bachgrundes unter meinem luftigen Auslug zu mir herauf. Der Abendhauch trägt mir den Duft des reifenden Korns zu. Die Singdrosseln im nahen Wald haben schon seit einiger Zeit ihren Sang, der mir im Frühjahr das Herz höher schlagen lässt, beendet.

Hoch auf der Ansitzleiter an einer alten Erle blicke ich gen Westen, hinüber in mein Revier. Hier bei meinem Jagdnachbarn Hubertus passe ich auf einen Rehbock, den mir der Freund frei gegeben hat. Unter mir schlängelt sich träge ein kleines Bächlein durch die Erlenzeile mit dichtem Unterwuchs von Schilf und Brennnesseln. Vor mir steigt das Gelände leicht hügelig an und ich kann weit über Wiesen und reife Kornfelder schauen. Zu Füßen der Leiter liegt mein junger Schweißhund, die Silva. Ab und zu höre ich, wie sie den Behang beutelt, die Mücken sind eine rechte Plage. Ich hätte meine Hündin deswegen gerne im Wagen gelassen, aber sie wollte unbedingt mit. So ist es sicher besser, denn im Auto lernt sie nichts außer Geduld, aber die hat sie ohnehin. Mit dem Spektiv schaue ich zu, wie an einer breiten Schleife des kleinen Gewässers eine Stockente ihr Schoof ausführt. Ab und zu platscht in meiner Nähe eine Bisamratte, die junge Hündin dreht erstaunt ihren edlen Kopf. Zu gern würde sie nachschauen gehen.

Immer wieder leuchte ich mit dem Glas die umliegenden Felder ab. Langsam werden die Schatten länger. Da taucht ganz weit drüben, jenseits der Jagdgrenze, in meinem Revier das Haupt eines Rehs aus dem blonden Korn. Das Spektiv zeigt einen noch nie geschauten Bock. Doppelt luserhoch die enggestellten Stangen, keine Vorderenden, dafür zacken die Hinterenden gut fingerlang. Grau der Grind, der Herzschlag beschleunigt sich, je länger ich den Bock in den Linsen halte. Es ist sehr weit bis dort hinüber, gut fünfhundert Meter. Ich will's mit einer lauten Musik probieren. Den möchte ich zu gern hier herüber locken. Das wäre eine besondere Freude. Wie immer zur Blattzeit habe ich ein paar Buchenblätter unterm Hutband. Hier stehen keine Buchen, die pflücke ich daheim von der Blutbuche, man weiß ja nie.

Ich blase wie nicht gescheit hinein, und siehe da, der Rote merkt auf. Also nochmals ein Angstgeschrei in den Sommerabend hinaus gegellt, und schon setzt er sich eilig mit hohen Sprüngen in Bewegung. Immer wieder, wenn er verhoffend innehält, muss ich ihn neu ermahnen, dass hier ein Nebenbuhler um eine Schöne wirbt, immer aufs Neue kommt er mir näher und näher. Schon ist er, hurra! diesseits der Jagdgrenze, doch immer noch zu weit für mein Rohr. Ein schmaler Maisstreifen trennt ihn noch, dann verschluckt ihn eine kleine Senke. Durch ein Weizenfeld schlängelt er sich nun, hoch stehen die Ähren und verdecken den Wildkörper bis zum Träger. Endlich verhofft er auf einem Wiesenstück und sichert zu mir her. Ein erregendes Bild. Nein, auf den Stich will ich das Wild nicht ohne Not schießen. Zu arg sind die Verwüstungen, die eine Kugel da anrichten kann. Letztendlich ist so ein Reh ja ein Nahrungsmittel, so profan das auch klingen mag. Als er keine weiteren Locktöne vernimmt, dreht er ein wenig enttäuscht ab. In dem Augenblick fasst ihn die Kugel und wirft ihn in die Wiese.

Meine kleine „Rote Hündin" äugt zu mir nach oben. Gut ist's gegangen, jetzt heißt's erst einmal beruhigen. Für Herrn und Hund.

Nach einer Viertelstunde baume ich ab, nehme die Hündin an den Riemen, wir springen über den Bach und steigen dann auf zu der Wiesen- und Felderebene. Ich gehe um den Erlegten herum und lege die Silva überm Wind ab. Sie darf von ferne zuschauen, aber nicht ans Reh heran, zu verlockend, zu prägend könnte der Eindruck auf die junge Hündin sein. Zu leicht wird ein unerfahrener Hund rehnarrisch.

Dann darf ich mich wirklich freuen. Der Bock ist reif und gut und gern übers sechste Jahr hinaus, die endshohen Stangen geperlt bis in die milchweißpolierten Enden hinauf. Und ist endgültig der Letzte aus meinem Revier.

In dieser Geschichte fehlt nur zweimal das Wort „ehemalig". Ich saß auf einem Hochstand in meinem „ehemaligen" Nachbarrevier und schaute hinüber in mein „ehemaliges" Jagdrevier.

Am gestreckten Wild sitze ich, und die Gedanken gehen mehr als zwei Jahrzehnte zurück in die Vergangenheit, als ich den ersten Bock in meinem damals neuen, jetzt endgültig ehemaligen Revier erlegte.

Bei einem Ansitz im Mai – seinerzeit war's noch in der Schonzeit – da entdeckte ich ihn. Er trug ein undefinierbares Gewächs auf dem Haupt, als wären ihm mehrere Stangen zugleich entwachsen. Ein Abnormer, ein Wunschtraum eines jeden Rehbockjägers. Mein erster Gedanke: Das ist ein Bock für meinen Freund Peter. Das wäre eine gute Gelegenheit, mich für unzählige großzügige Einladungen auf Gams und Hirsch zu revanchieren. Ein Anruf beim Freund rief große Freude hervor. Noch am Abend des letzten Maitages saßen wir miteinander auf dem Hochstand. Aber wie sah der Peter aus? Er war eingegipst von der Schulter bis zur stützenden Halskrause. Vor einigen Tagen hatte er sich mit seinem Auto überschlagen und war wie durch ein Wunder nicht noch schwerer verletzt worden. Er versuchte einen Probeanschlag mit meiner Büchse.

„Nein", sagte er, „es geht nicht, ich kann das Gewehr nicht an die Schulter bringen. Es ist nicht möglich, einen sicheren Schuss abzugeben".

Er bat mich dringend, nicht zu warten, bis er wiederhergestellt sei. Solch einen raren Bock solle ich baldigst selbst erlegen. Als der Abnorme sich uns zu später Stunde dann tatsächlich prahlend präsentierte, beschwor mich der Freund, gleich am nächsten Morgen mein Glück zu versuchen. Er selbst würde im Laufe des Jahres sicher noch genug Böcke bei mir finden, die ihn freuen würden.

Als der Bock sich äsend verzogen hatte, schlichen wir uns leise davon.

Jetzt stand ich unter Strom, einen so abnormen Bock, dem ein Bündel von Stangen wie lodernde Flammen aus der Stirne sprossten, den durfte ich nicht verpassen.

Bereits gegen drei Uhr, es war viel zu früh, einfach verrückt, zu solcher Stunde schon auszuziehen, indianerte ich auf meinen Ansitz. Endlos zogen sich die Stunden dahin. Die Geräusche der Nacht, das Kraspeln der Mäuse oder Igel waren meine einzige Unterhaltung. Ganz allmählich graute bleich im Osten der Tag herauf. Langsam lösten sich die froschdurchquakten Nebelseen in den Senken auf. Baum und Strauch gewannen Farbe. Eine Fähe, den Fang voller Mäuse, trabte eilig Bau und Geheck zu. Mit dem Glas an den Augen suchte ich jede Deckung ab – und blieb an einem wackelnden Haselstrauch hängen. Da fegte doch einer. Und schon zeigte sich der Gesuchte. Zum langen Schauen ließ mir mein heißes Blut keine Zeit. Der Schuss war kaum verhallt, der Bock kaum im hohen Gras versunken, da turnte ich wie ein Besessener von meinem Ausguck und sprang wie ein Indianer im Freudentanz um meinen Rehbock. Der erste Bock im eigenen Revier! Und dazu noch solch eine abnorme Seltenheit! Was scherte mich jetzt die vielbesungene Zigarettenlänge als Wartezeit. Ich hatte ihn!

Wie ich zu meinem Revier kam und es wieder verlor und wie ich ins Nachbarrevier fand, will ich gerne erzählen:

Ende der Sechzigerjahre wollte der bisherige Pächter dieser beiden Revierteile, die zusammen über zweitausend Hektar groß waren, vorzeitig aus seinem Pachtvertrag aussteigen. Der Waldanteil an dieser Fläche war relativ gering. Doch gab es viele Buschinseln, ein paar winzige in die Landschaft eingestreute, erlenumsäumte Weiher und kleine Feldgehölze mit guter Deckung. Ein schilfumwachsener Fluss, die Strogn, in deren klaren Wassern Forellen standen, mäanderte noch unbegradigt, von Erlen beschattet, kilometerweit durch das leicht hügelige Revier. Mein Bruder und ich ersteigerten den südlichen Bogen und der Nachbar Hubertus den nördlichen. Uns verband bald mehr als gutnachbarliche Freundschaft. Wildfolge war uns eine Selbstverständlichkeit. Alle Treibjagden, die wir nach den Aufbaujahren abhalten konnten, wurden gemeinsam, als Gäste herüben und drüben, durchgeführt. Jeder durfte sogar bei Bedarf einen oder zwei Jagdfreunde mitbringen. Wenn es Nachsuchen gab, so rief mich der Nachbar, der nur einen altersschwachen Dackel hatte, und ich war zur Stelle. Ja, er lieh sich sogar unseren einheimischen Mitjäger mit seinem Traktor aus, wenn bei ihm drüben keiner der Bauern Zeit hatte.

Mit unserem Mitjäger, dem Friedl, war es ein eigenes Kapitel. Als uns die Jagd zugesprochen wurde, kam er sogleich an unseren Tisch und bot seine Dienste an. Er war ein junger Bauer, Sohn aus einem mittelgroßen Hof. Wir brauchten sowieso einen Mithelfer vom Dorf, er gefiel uns und wir nahmen ihn gerne auf. Bald war er bei uns wie ein dritter Bruder. Schnell hatten wir mit seiner Hilfe eine romantische Bleibe gefunden. Ein altes, leerstehendes Bauernhaus, die Jungen hatten sich daneben was Modernes hingestellt. Das alte „Glump" zählte nicht mehr. Nur der Austragsbauer, der Kronseder, konnte sich von seinem, neben dem Wohnhaus stehenden, altgewohnten „Häusl" mit dem Herzen an der Türe, das nun unsere Toilette geworden war, nicht trennen. Dies Gastrecht konnten wir dem Alten nicht verwehren.

Zwischen Haus und der nur wenige Meter entfernten Straße stand ein großer Brunnentrog mit einer Pumpe daran. Darin konnten wir, wenn wir besondere Erfrischung brauchten, untertauchen. Es war zwar eiskaltes Wasser, was da aus der Pumpe kam, da durfte man kein Warmduscher sein, aber nach einem frühen Morgenansitz, wenn erste Müdigkeit sich einstellen wollte, da kehrten nach einem solchen Bad die Lebensgeister sehr schnell wieder zurück. So saß auch ich eines Sonntagmorgens im kühlen Nass. Ich hatte mir das „Tauchbecken" schön vollgepumpt und wollte gerade nach prustendem Untertauchen wieder aussteigen, da hörte ich rasch näherkommende weibliche Stimmen.

„Oh Schreck!" Jetzt kam ich nicht mehr heraus. Zwei sonntäglich, zum Kirchgang gekleidete Mädchen kamen auf der sonst sehr wenig begangenen Straße daher. Was tun? Ich musste untertauchen, zumindest den Kopf total einziehen. Die Mädels würden ja wohl gleich vorbei sein.

„Ja Pfeifendeckel!" Sie blieben genau auf meiner Höhe stehen und hatten sich unglaublich Wichtiges zu erzählen. Mit einem Auge sah ich meine Frau hinter dem Fenster der Stube. Und ich erkannte auch, dass sie lachte, dass ihr die Tränen herunterliefen. Ihr Mitgefühl für meine klamme Notlage war rührend. Doch man soll ja seiner Eheliebsten immer Freude bereiten.

Es wurde langsam ungemütlich, so bis zum Hals im Wasser. Den Gedanken, einfach herauszuspringen und ins Haus zu rennen, konnte ich nicht einmal wagen. Ein nackter Mann, noch dazu der Jagdpächter, der sich schamlos zwei frommen Jungfrauen zeigte, das wäre eine Ungeheuerlichkeit. Absolut undenkbar. Als die beiden Dorfschönen nach langen, sicher sehr wichtigen Erzählungen endlich gackernd ihren Weg fortgesetzt hatten und ich endlich aus dem Brunnen springen konnte, da war ich, gelinde gesagt, sehr erfrischt.

In diesem romantischen, alten Haus waren wir fortan fast jedes Wochenende. Wenn wir mit Hund, Kind und Kegel anrückten, hatte meine Frau mindestens ein volles Kuchenblech dabei. Wie ferngesteuert erschien dann unser junger Bauer, der

Friedl, und half auch hier fleißig mit, damit wir keine vollen Bleche wieder mit heim nehmen mussten.

Rehe gab's reichlich, die Böcke trugen gute, bis sehr gute Gehörne, obwohl unser Vorgänger nur Sechserböcke geschossen hatte. Alles andere ließ er laufen unter dem Motto: Was kein Sechser ist, ist kein g'scheiter Bock. Das Niederwild, sprich Hasen, Fasanen, Enten und Rebhühner, interessierte ihn wenig und war auch entsprechend vernachlässigt. Raubwild und Raubzeug gab's dafür mehr als genug. Die erste Zeit waren wir mit dessen Verminderung beschäftigt, wobei meine Kurzhaar-Hündin Cita eine Expertin wurde, was Miez und Maunz anbetraf. Es gab deren so viele, dass ich ob der zu entsorgenden Menge sogar Albträume bekam. Der Niederwildbestand erholte sich zusehends, auch dank der Kasten-Wiesel- und Krähenfallen. In den darauffolgenden Jahren betrug die Jahresstrecke an Fasanen, nachdem wir den Besatz aufgefrischt hatten, über 80 Stück, Hasen lagen immer etwa 40 auf der Strecke.

Unser Friedl war voll integrierter Mitjäger und in den meisten Jahren erlegte er mehr Rehe als seine beiden Jagdherren. Er war ein eifriger Helfer, und zur Winters- und Notzeit fuhren wir gemeinsam mit seinem Traktor zum Füttern. Dafür lud ich ihn auf Gams ein, was aber nicht so ganz sein Ding war, denn Bergsteigen lag ihm gar nicht. Besonders wertvoll war seine Anwesenheit im Revier, wenn Wild überfahren wurde. Da war er vor Ort und schnell zur Stelle, während mein Bruder und ich doch etwas weiter weg wohnten.

So war ich eines Nachts so gegen zwei Uhr sehr erstaunt, dass mich die – wie ich glaubte, „angebliche" Polizei wegen eines Wildunfalls per Telefon aus dem Bett holte. Es entspann sich dabei folgender Dialog:

„Hier Landpolizei Erding, Meisinger am Apparat", schnarrte es. „In Ihrem Revier ist eine Wildsau überfahren worden."

(Dazu muss ich anmerken, dass in dieser Gegend seit Menschengedenken nie Schwarzwild vorgekommen ist. Das erschien mir so absurd wie ein Gamsbock in Castrop-Rauxel.)

„Was", sagte ich, „eine Wildsau, wer will mich da zum Narren haben?"

„Nein, das ist wirklich wahr, eine Wildsau, und die liegt an der Straßenseite zu Ihrem Revier."

(Ich hatte ein paar sehr „schelmische" Jagdfreunde, die mich immer wieder mit Späßen tratzen wollten, und die Geschichte erschien mir absolut unglaubhaft.)

„Lieber Freund", war meine Antwort, „wenn ihr mich reinlegen wollt, müsst Ihr euch was Besseres einfallen lassen. Wenn ihr vielleicht mal einen Löwen habt, dann ruft wieder an! Gut' Nacht!" Und ich hängte ein.

Ich war kaum wieder in den Federn, da läutete es wieder:

„Hier Landpolizei Erding, Meisinger am Apparat, kommen Sie zu Kilometer siebzehn, da stehen die Kollegen und warten auf Sie!"

„Das täte euch so passen, wenn ich komme, dann steht ihr alle da und lacht mich aus. Nein, nein, da müsst ihr schon eine bessere Idee haben. Gut' Nacht!"

Eine Viertelstunde später:

„Hier Meisinger, Landpolizei Erding, glauben's mir doch, es ist wirklich eine Wildsau!"

(Gelächter ist im Hintergrund zu hören.)

„Ich kenn' euch doch, ihr hockt's in der Wirtschaft, ich hör's doch, wie da gelacht wird. Ich zahl euch ein Fassl Bier, aber lasst's mich schlafen!"

Jetzt wurde der gute Mann flehend.

„Was sollen die Kollegen machen, sie haben gerade per Funk wieder hereingerufen?"

Nun kamen bei mir allmählich Zweifel auf.

„Wenn das wirklich wahr ist, dann bitte ich tausendmal um Verzeihung. Wenn's aber nicht wahr ist, dann Kompliment, es klingt verteufelt echt, sogar deine Stimme ist wie die von einem echten Bullen. Die Kollegen sollen zum Bauern Strasser fahren, der Sohn ist unser Jagdaufseher, der kümmert sich um die Sau. Und jetzt endgültig gut' Nacht!"

Wie ich anderntags hörte, fuhren die Kollegen mit blitzendem Blaulicht auf den Hof des Bauern und läuteten. Die Mutter öffnete, und als sie sah, dass die Polizei da war, erschrak sie zutiefst. In der Woche vorher hatte sich der Nachbarssohn mit seinem Opel Manta um einen Baum gewickelt, und nun sah sie ein gleiches Unglück im eigenen Haus.

„Jessas!", schrie sie, „mei Sohn is tot!"

„Na, na," beruhigte sie „gefühlvoll" der Beamte, „diesmal bloß a echte Wuidsau!"

Am nächsten Tag, als ich den Überläuferkeiler angeschaut hatte, der nur einen Schlag aufs Haupt bekommen hatte und noch bestens verwertbar war, fuhr ich auf die Polizeiwache mit einer entschuldigenden Wiedergutmachung.

Die Sau war die Sensation. Ein Reporter vom Erdinger Tagblatt kam, und stolz ließ sich unser Friedl mit dem Keilerchen ablichten. Mit geschwellter Brust zeigte er uns dann am nächsten Tag die Zeitung mit seinem Konterfei plus Überläufer: „Da schaugt's her, i in der Zeitung, o mei, o mei, a so a Ehr!"

Dieses Keilerchen war der frühe Vorbote der allgemeinen Verbreitung der Sauen. Die Ursachen kennen wir. In den letzten Jahren unserer Pacht waren durchwechselnde Schwarzkittel längst keine Sensation mehr.

Wir haben dann zusammen mit unseren drei ständigen Treibern aus dem Dorf, Sepp, Pauli und Girgl Wildschwein gegrillt. Das Wort „grillen" war denen damals absolut neu und unbekannt. Sie genossen die urige Art, am offenen Feuer zu sitzen und zu schmausen. Der Friedl war davon so begeistert, dass er eines Tages ein kopfloses Spanferkel zum Grillen anschleppte. Auf unsere erstaunte Frage, warum es denn keinen Kopf mehr habe, verriet er uns ein, wie er sagte, allgemein geübtes Schweinezüchtergeheimnis: Als Mitglied der Vereinigung der Ferkel-Erzeuger musste er von Zeit zu Zeit einen Schweinskopf als Probe sauberer Aufzucht zur Untersuchung einschicken. Alle seine Schweine spritzte er mit verbotenen Hormonen, die er illegal aus Holland bezog. Nur dieses eine „Testschwein" wurde nicht „gedopt". Das war nun unser kopfloses Spanferkel. Beruhigt konnten wir das „saubere" Tier verspeisen. Das wurde bald Tradition, und immer wenn ein Test wieder fällig war, brachte er uns das „Facki" zum „Gruin", wie er es nannte.

Friedls allweihnachtliches Vergnügen war das Christbaumstehlen. Obwohl er selbst Waldbesitz hatte, musste der Baum unbedingt geklaut werden. Das war noch ein Relikt aus seiner wilden Dorfburschenzeit. Dazu ging er mit der Flinte nah an den Stamm, drückte ab – rumms – und der Baum war gefällt. Einmal brachte er mehrmals ein dermaßen verwachsenes Stück heim, dass ihn seine Mutter immer wieder in den Wald schickte, um einen schöneren Baum zu holen. Sie hatte sicher keine Ahnung, woher der stammte. Als es dann Heilig Abend wurde und noch immer keine Fichte Gnade vor ihren kritischen Augen gefunden hatte, rückte er am Nachmittag nochmals aus. Doch, oh Schreck, ein nächtlicher Eisregen hatte Baum und Strauch mit dickem, glasigem Panzer überzogen. Doch er war ja nun gezwungen, einen Christbaum heimzubringen. Diesen nun wirklich letzten Versuch musste er daheim mit dem Fön abtauen.

Mit viel Arbeit und vielen Freuden wuchs mir das Revier im Laufe der Jahre ans Herz. Wildäcker wurden angelegt und mit den Jagdnachbarn gemeinsame Hegeprojekte durchgeführt. Noch konnten wir für die Rebhühner Brachflächen vor der Bebauung retten, aber im rasant zunehmenden Maisanbau verarmte die Landschaft, sodass wir die Rebhühner nicht mehr bejagten. Langsam verschwand ein kleines Feldgehölz nach dem anderen. Die romantischen Weiher in der Feldflur wurden zugeschüttet. Die Schottersträßlein von einem Weiler zum anderen wurden asphaltiert, begradigt und zu Rennstrecken gemacht.

Das glasklare Wasser der Strogn wurde schwarz wie Pech. Die Bauern ließen ihr Abwasser beim Reinigen der Maissilos – auch das war eine Neuerung – voll in den Fluss. Die vordem zahlreichen Enten verschwanden. Wo einst Wasserpflanzen sich in der Strömung wiegten, Forellen umherflitzten, trieb tot die trübe Flut zwischen den schilfigen Ufern.

Trotz des allmählichen Wandels, gegen den wir uns nicht sträuben konnten, war uns das Revier Zuflucht und Erholung. Für unsere Kinder war's ein Paradies der Abenteuer und Freiheit, wie es heutzutage die notgedrungen ängstlich behüteten Kinder gar nicht mehr erleben können. Eine bunte Reihe angehender Jäger konnte bei uns praktische Erfahrungen machen und ihr erstes Wild erlegen. Es machte uns glücklich, Jagdfreuden weiterzugeben, die man einst selbst empfangen hatte.

Und eines Tages traf mich der Blitzschlag tiefster Enttäuschung. Es war im vorletzten Jahr unserer Pachtzeit. Im kommenden Jahr sollte die Neuvergabe beschlossen werden. Wir hatten mit allen Jagdgenossen ein so gutes Verhältnis, dass kein Zweifel an einer Fortsetzung unserer Pacht bestand.

Ich war gerade mit dem Friedl beim Beschicken der Fasanenfütterungen, da eröffnete er mir, dass er sich bei der Neuvergabe bewerben werde. Ich dachte, ich hätte mich verhört.

„Sag das noch mal, das kann doch nicht dein Ernst sein!"

„Doch, ich werde gegen euch stimmen, ich will selber die Jagd haben."

„Aber du hast doch hier das schönste Leben, es kostet dich keinen Pfennig, du hast freie Büchse, Wildbret brauchst du auch nicht zu bezahlen, was willst du denn noch mehr?

„Ja, es geht mir um die Ehr', ich will selber Pächter sein".

„Wenn's darum geht, dann kannst du auch gerne Mitpächter werden."

„Nein, ich will alleiniger Pächter sein."

Ich musste mehrmals schlucken, das ging mir nicht in den Kopf, das ging über mein Verständnis.

„Pass auf", sagte ich, „ich gebe dir bis morgen früh Zeit, das nochmals klar zu überdenken. Wenn du dann immer noch der gleichen Meinung bist, dann schick mir sofort den Begehungsschein zurück. Dann ist deine Zeit hier zu Ende!"

Der Friedl blieb bei seinem Entschluss.

Als dann die Neuverpachtung kam, boten wir zweitausend Mark mehr als vordem – und bekamen das Revier dennoch nicht.

Und dann kam der zweite, noch größere Blitzschlag der Enttäuschung.

Unser Freund und Nachbar Hubertus hatte sich hinter Jagdgenossenschaft und Friedl geklemmt, um auch noch unsere Jagd zu bekommen. Er wollte Herr über mehr als zweitausend Hektar sein. Bei einem „rauschenden" Fest, bei dem die Bauern samt Familien mit Strömen von Alkohol und üppigen Geschenken verwöhnt wurden, hatte er versprochen, unser Gebot, wie hoch es auch sein mochte, mit zusätzlichen zweitausend Mark zu überbieten. Den Friedl hatte er nur als willige, namensgebende Figur für den Pachtvertrag auserkoren.

Als ich davon erfuhr, rief ich den Hubertus an und stellte ihn zur Rede. Seine lakonische Antwort war: „Tja, mein Lieber, so ist das Leben!"

Mich erfasste würgende Enttäuschung und brennheiße Wut. Wie konnte ich bloß damit fertig werden? Ich wurde krank, richtig krank. Die verratene Freundschaft ging mir zu nah, ich konnte sie nicht verwinden.

Die Pachtperiode ging zu Ende. Wir hinterließen ein gepflegtes Revier, mit einem guten Rehbestand, was man uns auch überrascht nachträglich bestätigte. Der Nachfolger war sicher auf „tabula rasa" gefasst. Aber das Wild sollte nicht für menschliche Probleme bezahlen.

Den letzten Tag im Revier wanderte ich noch einmal mit meinem passionierten Freund Wolf zu den liebgewonnenen Plätzen. Er hatte bei uns seine Laufbahn als Treiber begonnen und war nun im Laufe der Jahre ein gestandener Jäger geworden. Mit dabei natürlich mein Kurzhaar Norma. An einem Dickungsrand stand sie plötzlich vor. Bevor ich sie abrufen konnte, flatterte ihr ein Fasangockel regelrecht in den Fang. Dieses Geschenk konnte ich nicht zurückweisen. Und als wir weitergingen, flüchtete vor uns eine Rehgeiß aus einer Deckung. Das war an sich nichts Ungewöhnliches. Ungewöhnlich war nur, dass die absolut gehorsame und rehreine Hündin sich nicht abrufen ließ, die Geiß verfolgte und nach einigen hundert Metern eingeholt und abgetan hatte. Was war da los? Ich untersuchte das Reh und stellte mit Erstaunen fest, dass ein Vorderlauf eine bereits mumifizierte Schussverletzung hatte. Da konnte ich die Hündin nur loben. So hatte das Revier mir noch zum Abschied ein wenig Wildbret geschenkt.

Nach einigen Jahren – ich hatte längst zu meiner wahren Liebe, der Bergjagd gefunden – lernte ich während eines Tennisurlaubs einen Psychologen kennen. Mit ihm kam ich auf mein Problem – und das war es immer noch – zu sprechen. Er gab mir den Rat, mich an die „Drei Vs" zu halten: Verstehen, Verzeihen, Vergessen. Leicht war's nicht, doch ich lernte es und mir ging es besser und besser, bis mein Groll sich gänzlich auflöste. Ich hatte den Beiden im Stillen verziehen, ihre Beweggründe waren Habgier, die übliche Ursache allen Unglücks.

Zwei Jahrzehnte gingen dahin. Bei einem Gang über den Münchner Marienplatz bog ich um eine Hausecke und stieß, unachtsam in Gedanken, mit einem Menschen zusammen. Es war der Ex-Jagdnachbar Hubertus. Ich war so überrascht und verwirrt, dass ich ihn grüßte.

„Mein Gott, Gerd", rief er aus, „dass du mich wieder grüßt, das ist das schönste Geschenk für mich!"

Er gestand mir, dass ihn seit Jahren die Schuld des Verrats unserer Freundschaft tief bedrückt habe. Seine Frau hätte ihn seinerzeit immer ermahnt, mich anzurufen, um die Sache wieder gut zu machen. Doch das hätte er sich nicht getraut, zu sehr hätte er sich geschämt. Und dann bat er mich um Verzeihung. Darüber hinaus lud er mich ein, am Sonntag auf seine Jagdhütte zu kommen, dort würden wir uns viel zu erzählen haben.

Als ich am Sonntag dann auf seiner Hütte war, gab er mir und meiner Frau einen Begehungsschein mit freier Büchse in seinem Revier.

Sein Wunschtraum des Großreviers hatte sich zerschlagen, der Friedl war bald nicht mehr sein williger Partner. Und die Ironie der unglücklichen Tat war, dass er über alle drei folgenden Pachtperioden die zusätzlichen, vertraglich festgelegten zweitausend Mark zahlen musste. Für ein Revier, zu dem er keinen Zutritt mehr hatte. Ich müsste lügen, wenn mir das Leid getan hätte.

Es kehrte wieder die alte Harmonie zwischen uns ein. Jagdneid kannte er nicht, selbst als ich einen wahren Kapitalbock – und ich gebrauche das Wort sehr sparsam – ausgemacht hatte. Da ermunterte er mich eindringlich, nicht lange zu zaudern, sondern den Starken zu erlegen.

Den Friedl habe ich damals auch aufgesucht. Er war überrascht, und ich sah ihm die Erleichterung an, dass ich ihm wieder die Hand gab. Seine Treulosigkeit hatte ihm wenig Frieden gebracht. Bald sah er sich gezwungen, noch zwei weitere Jäger aus dem Dorf als Mitpächter neben sich zu haben. Nichts war's mit der „Ehr", alleiniger Pächter zu sein. Ich hab ihm nichts nachgetragen.

Meine jägerischen Wege hatten mich inzwischen an einem Hochgebirgsrevier teilhaftig gemacht, so dass ich seltener beim Hubertus zu Gast war. Zum Glück dauerte die Fahrt in sein Revier nur eine knappe halbe Stunde und für eben mal einen Abendansitz war's keine Entfernung.

So kam es, dass ich mir nach langen Jahren wieder einen Bock mit ganz besonderer Freude aus „meinem" Revier geholt habe – auch wenn's das ehemalige war.

Bergrehböcke

Der Bergwald lohte in roten und goldenen Herbstfarben, und wir hatten den ersten August. Ganz richtig, August, Sie haben sich nicht verlesen. Wir saßen vor einer kleinen Almhütte im Rettenbachtal und kamen uns vor wie zur Hirschbrunft. Es fehlten nur die Grohner und Trenzer, die zwei Monate später vom Brunftgeschehen künden würden. Was war los mit dem Laubwald, mit Buchen und Bergahorn? Es war doch jetzt noch nicht Oktober?

Der Senn klärte uns auf. „Die Bäum' sind alle geringelt worden. Die Förster wollen keine Laubbäume im Bergwald, die verdrängen die Fichten".

Mit Unkrautvernichtungsmitteln hatte man die Stämme geringelt, damit das „falsche", unerwünschte Holz langsam abstürbe. Ganze Schulklassen der kleinen Dörfer wurden in die Wälder geschickt, zum „Schadholz ziehen". So war das in den Siebzigerjahren im Salzkammergut. Und nicht nur dort, sondern überall in den Bergen wurde so etwas „verbrochen". Heute schreit man „Haltet den Dieb!" und hat dem Schalenwild als dem Verursacher der Fichtenmonokultur einen gnadenlosen Kampf angesagt.

Wir haben uns damals gewundert, warum die Bäume, die seit Jahrhunderten in Harmonie miteinander wuchsen, plötzlich nicht mehr in den Bergwald gehören sollten. Doch was später daraus für eine Lawine gegen dessen Wildtiere losgetreten wurde, ahnten wir noch kaum. Denn jetzt geht's wieder andersrum, der Laubwald muss her, Schuld ist das Schalenwild, und mit dem Zauberwort „Sanierungsfläche" sind alle Hemmschwellen der Fairness gegenüber dem Wild dahin. Dafür werden Schonzeiten aufgehoben, und es gipfelte im von oben her belobigten Abschuss trächtiger Gamsgaisen.

Zum Trost lehrt uns die Erfahrung: Alles fließt, nichts bleibt, wie es ist. Irgendwann kommt auch hier eine Kehrtwendung.

Meine Frau und ich, die wir Rehbock-Gäste unseres großzügigen Freundes Peter waren, bewohnten die gemütlich umgebaute Knerznhütte im Bad Ischler Höhersteinmassiv. Der Peter war und ist der große Hüttenbauer und -sanierer. Jede Hütte in seinen Revieren, deren Pächter er einstmals war und ist, stand und steht nach kurzer Zeit wohnlich und gemütlich da, ohne Schaden an ihrem schlichten Charakter als Jagdhütte genommen zu haben.

Ich kannte die Knerzn noch aus der Anfangszeit, als der Peter erst eine kurze Weile hier Jagdherr war. Da huschten einem nachts die Mäuse übers Gesicht, der Kreister mit seinem zusammengeflackten Heu „gschmackelte" nach Generationen von müden Jägern und Holzern. Es war nur grad recht für eine kurze Nachtruhe unter ihrem undichten Dach.

Nun war die Hütte innen umgebaut, ein grüner Kachelofen spendete an kalten Abenden wohlige Wärme und das alte Dach war mit neuen Lärchenschindeln frisch gedeckt.

Vor der Hütte breitet sich ein Hochmoor aus, der Blick geht frei drüber hin bis zu Sandling und Loser. Normalerweise kommt man mit dem Allrad bequem bis ganz hinauf. Doch dieses Jahr wurde weiter unten die Forststraße neu befestigt und wir mussten einen anderen Weg zur Hütte nehmen. Jenseits des Bergrückens, hinter dem die Knerzn liegt, konnten wir bis auf gleiche Höhe hinauffahren. Doch jetzt kam das Problem. Unser Gepäck für eine Woche mussten wir erst über die Höhe hinauftragen und dann wieder abwärts zur Hütte. Und wir hatten alles in Koffern. Es war gewiss ein einmaliger Anblick, als wir wie die Gepäckträger durch den Bergwald stapften.

Ich sollte mich einem Bock widmen, der oberhalb der Knerzn auf dem Bergrücken des Höhersteins einmal vom Berufsjäger

Friedl gesehen wurde. Die Krone sei von aufregender Höhe und die Pirsch jeder Mühe wert.

Mit dem Friedl hatte ich schon etliche Gamspirschen gemacht, und sein Bericht erweckte meine schönsten Hoffnungen.

Ende November des Vorjahres, es lag schon viel Schnee, pirschten wir die Grabenbach-Forststraße empor. Man hatte da guten Ausblick auf den Gegenhang. Zwischen der Straße und dem gegenüberliegenden Hang tost in tiefem Felseinschnitt der Grabenbach zu Tal. Der jenseitige Abhang, etwa 200 m entfernt, fällt nicht so steil wie auf unserer Seite in die Tiefe, so dass man getrost hinüberschießen kann, ohne Gefahr zu laufen, dass das Wild in den Tobel stürzt. Doch heute hatten wir keinen Anblick auf der Gegenseite. Beim höher Hinaufsteigen sahen wir zwischen den tiefverschneiten Latschen und Weißerlen auf der herüberen Seite einen schwarzen Wildkörper auftauchen. Halt! Die Gläser zeigten uns einen mittelalten Gamsbock, schlecht im Haar, mit einer ausgesprochenen Gaiskrucke.

„Wenn du ihn schießen willst", meinte der Friedl, „dann muss er aber am Fleck bleiben, sonst fährt er uns in die Tiefe ab, und dort kommen wir nicht hinunter."

Der Bock hatte uns nicht eräugt, weil wir uns nicht vom Hintergrund abhoben. Ich konnte mir Zeit lassen. Als er ganz frei stand, strich ich am Bergstecken an und zielte ihm die Kugel genau auf die Blattschaufel. Im Schuss versank der Schwarze im lockeren, tiefen Schnee. Wir atmeten auf. Doch plötzlich geriet der Verendete ins Gleiten, rutschte weiter und weiter, unhaltbar dem Abgrund zu, und verschwand in einer Schneewolke über die Kante. Dumpf klang sein Aufprall aus der Tiefe zu uns herauf.

„Herrschaftszeiten! Das hat uns noch gefehlt! Wir können den doch nicht da drunten lassen!"

Der Grabenbach führte zum Glück wenig Wasser, herbstmüd rieselte nur ein kleines Rinnsal dahin. Der Friedl hatte eine Idee. Sein Berufsjägerkollege Gustl war auch bei der

Bergwacht. Den wollten wir verständigen, der würde uns sicher helfen können. Also stiegen wir wieder zu Tal und hatten Glück. Der Gustl kam mit noch einem Kollegen mit Seilwinde und Bergungsgerät. Die beiden sahen es als Übung für einen Ernstfall. Nachdem der Gustl sich abgeseilt hatte, warteten wir auf sein Kommando zum Hochwinden. Bald darauf ertönte aus der Tiefe sein Ruf. Klackernd zog die Seilwinde den Jäger herauf. Mit dem Gamsbock auf dem Schoß – welch ein Anblick – erschien der Gustl über der Kante. Der Krucke war nichts passiert, der Schnee hatte wohl den Aufprall gedämpft.

Die Seilwinde hatten wir an einer Buche fixiert, die sich mit ihren Wurzeln in den steilen Hang gekrallt hatte. Am Stamm des Baumes hatte sich ein Specht – hier im Salzkammergut „Pecker" genannt – schwer zu schaffen gemacht. Während der Gustl mit der Bergung beschäftigt war, erzählte mir augenzwinkernd der Friedl – die Späne unter der Buche erinnerten ihn daran – eine „selbsterlebte" Geschichte:

„Vor ein paar Jahren kam ein hoher Forstmann vom Ministerium in Wien zu einer Waldbegehung nach Bad Ischl. Mit einer großen Korona wollte er sich vom Zustand des Bergwaldes überzeugen. Immer wieder fielen ihm Bäume auf, an denen der Specht gearbeitet und reichlich Späne verstreut hatte. „Wer macht so was?" fragte der Forstmann.

„Der Pecker."

Beim nächsten Spechtbaum die gleiche Frage. „Wer war das?"

„Der Pecker."

Beim dritten Mal wurde es dem „Waldexperten" zuviel.

„Dieser Mann, dieser Becker ist sofort zu entlassen!"

Wenn die Geschichte wirklich wahr wäre, dann dürfte man sich über die Entscheidung, dass die Laubbäume nicht in den Bergwald gehören, nicht wundern.

Nun zurück zum August und der Blattzeit.

Oberhalb der Hütte, auf dem Grat des Höhersteins, zieht sich ein lückiger, windzerzauster Baumbestand, unterbrochen von kleinen Blößen und Möösern dahin. Ab und an gibt es größere

Heidelbeerschläge, aus denen man mit etwas Glück den Stingl eines Beeren brockenden Auerhahns auftauchen sehen kann.

Ich suchte mir immer neue Plätze dort droben aus, an denen es „nach guten Böcken roch". Meine Wegweiser waren beachtliche Fegestellen und Ausrisse im Boden, wo der Bock geplätzt hatte. Schon in der Vorsonnenstunde pirschte ich mit meiner Kurzhaar-Hündin Cita zu den kleinen Freiflächen und versuchte es mit vorsichtigem Blatten. Doch die Bühne blieb leer. Mittags und abends waren wir dort um die Wege und hockten bis in die Dämmerung, bis in die geheimnisvolle Stunde, in der Baumstümpfe und Wurzelstöcke anfangen, sich zu bewegen. Hier oben war er wohl nicht. Ich probierte es im nahe gelegenen Hochmoor vor der Knerzn, doch mir sprang nur ein geringer Einstangler, den ich bedenkenlos mitnahm. Wenn der hier ungestraft seinen Einstand haben durfte, dann war der Starke sicher anderswo. Der Peter schoss am zweiten Abend einen Schmalspießer. Die Leber haben wir über Nacht in den rastlos plätschernden Brunnentrog gelegt. Noch nie habe ich eine köstlichere Wildleber gegessen. Wir konnten das Mahl mit dem vor der Hütte in saftigen Büscheln wachsenden Almschnittlauch würzen, und wilder Oregano rundete es ab.

Meinen Rehbock hatte wohl ein verlockendes Schmalreh in fernere Gefilde entführt. Doch irgendwann musste er wieder hier oben um die Wege sein. Erfolglos versuchte ich es an anderen Plätzen und hockte mich krumm. Außer Gamsmüttern mit ihrem verspielten Kindergarten bekam ich nichts weiter in Anblick. Meine Frau ging inzwischen zum Schwammerlsuchen. In jenem Jahr gab's besonders viele prächtige Steinpilze, und so führte ihr Weg gleich oberhalb der Hütte in den Bereich, wo ich mich anfangs vergeblich umgeschaut hatte. Da hörte sie einen Bock keuchend treiben, Äste knacksten und zwei rote Wischer schlüpften durch Latschen und Jungwald. Leise zog sie sich zurück.

Schon am frühen Nachmittag saß ich wieder an einem meiner alten Plätze unter einer Schirmfichte. Aufmerksam lag meine Hündin neben mir. Eichelhäher strichen geschäftig, wie mit wichtigem Auftrag, hin und her, doch sie kümmerten sich nicht um uns, die wir da in guter Deckung hockten. Nach einiger Zeit purrte ein braun gefleckter Vogel heran und lief mit aufgestellter Holle auf einem modernden Baumstamm entlang – ein Haselhahn. Hier war dies kein seltener Anblick.

Eine Stunde mit Lauschen und Ausharren war vergangen. Jetzt wollte ich eine kleine Strophe blatten. Doch das Buchenblatt, das ich mir im Heraufgehen unters Hutband gesteckt hatte, war verlorengegangen. Zum Glück blühte in meiner Reichweite meine Lieblingsblume. Sie kündet vom Beginn der schönsten Jahreszeit – der Schwalbenwurz Enzian. Ich pflückte mir eines der schmalen Blätter, die besonders weiche Töne hervorbringen können. Ich ging gleich aufs Ganze. Angstgeschrei. Drei, viermal ließ ich es über die einsame Höhe gellen. Die Kipplaufbüchse lag bereit über der Armbeuge. Unendliche Stille. Nach fünf Minuten noch einmal eine Arie gewagt. Da keuchte es heran, von unten her aus dem felsigen Abhang zum Rettenbachtal. Feuerrot stand der Bock plötzlich am Rand der kleinen Lichtung. Da brauchte ich kein Glas. Hoch über den Lusern zackte seine verlockende Krone. Im Verhoffen sah ich im jähen Erkennen seines Todfeindes in seine erschrockenen Tollkirschenaugen. Da fuhr gellend der Blitz aus dem Stahl, der Todwunde verschwand mit rasender Flucht in einem Feld von hüfthohem Milchlattich. Die Spannung verebbte. Fernher protestierten rätschend die Häher. Zitternd wartete meine Braune, die alles mitverfolgt hatte. Wir konnten uns Zeit lassen.

Nach gut einer Viertelstunde gingen wir zum Anschuss. Der Schweiß dort sagte alles. Ich gönnte der Hündin das Vergnügen, nahm sie an den Riemen und ließ sie suchen. Bald standen wir vor dem verloschen Daliegenden. Seine Krone, sie verdient wahrlich diesen Titel, anderthalb Spannen hoch, geperlt bis hinauf in die blitzweißen Enden, ist meine höchste und vielleicht meine allerliebste.

* * *

Weniger beschaulich erging es mir Jahre danach im Stillachtal. Es war beim Abendspaziergang mit Frau und Hunden. Dieser führte uns vom Jagdhaus über die Stillach zum Finkenberg. Besonders wenn man so friedlich, ohne „böse" Absichten, ohne Büchse spazieren geht, dann stellen sich manchmal, den Jäger verhöhnend, die guten Gelegenheiten brettlbreit in den Weg. So geschah es auch an jenem Abend Anfang August. Einen knappen Büchsenschuss vor der dort liegenden Sennalpe trieb ein Rehbock seine Geiß in Zirkeln und Mäandern. Ich hatte wenigstens ein Glas dabei, das mir einen begehrenswerten Bock zeigte. Jetzt nochmals zurück zum Jagdhaus springen und die Büchse holen – bevor es zu Ende gedacht, hatten die Zwei uns weg und verschwanden mit wippenden Spiegeln im angrenzenden Bergwald. Diesem Herrn wollte ich die nächsten Tage widmen.

Immer wie es bei verpassten Gelegenheiten ist – der Starke blieb vorerst verschwunden. Als ich eines Tages vom Berg kam, führte mich der Heimweg über den Finkenberg. Da stand der Bock mitten unter dem dort weidenden Vieh. Schnell machte ich mich unsichtbar und pirschte ihn von der Talseite her an. Innerhalb eines angrenzenden Kulturgatters kam ich gut auf Schussentfernung heran. Aber wie sollte ich ihn da mitten aus den Kühen heraus erlegen, ohne diese zu gefährden? Da hieß es warten und beobachten. Ewig konnte der ja nicht unter dem Braunvieh bleiben. Nach einer guten Weile zog er endlich bergauf, und bevor er im Jungwald verschwinden wollte, pfiff ich ihn an. Die Kugel bannte ihn auf den Fleck. Hund und Büchse ließ ich innerhalb des Zauns, stieg darüber und wollte mir meine Beute holen. Ich kam nur bis auf dreißig Schritt an den Erlegten heran. Mit aufgestellten Schwänzen, die hornbewehrten Köpfe gesenkt, donnerte die wütende Herde auf mich los. Ich rannte um mein Leben. Sicher hundert Meter in 5 Sekunden! Ich warf mich förmlich über den Zaun des Gatters und war gerettet. Die glotzende Schar stand schnaufend davor. Das muss ein Anblick für Götter gewesen sein. Als Torero wollte ich noch nie mein Geld verdienen. Das Jungvieh, das hier weidete, war den Menschen kaum gewohnt und anders wie die erwachsenen „Milchhirsche" manchmal ein wenig launisch und aggressiv.

Bald drehte die rachsüchtige Schar nach ergebnisloser Verfolgung um und beschnaufte und bewachte nun den dort oben Ruhenden.

Bis zum Abend musste ich warten, bis die zu anderen Weidegründen gezogenen Rindviecher ihre Wacht am Reh aufgaben.

* * *

Nach Jahren, reich an unvergesslichen Erlebnissen, hatte ich meine Zeit im Rappenalptal beendet. Das große Revier wurde in viele kleinere aufgeteilt, und neue Menschen zogen ins Tal, doch ich wollte mich keineswegs vom Bergjagern verabschieden. Nach einigen fehlgeschlagenen Versuchen, eine dauernde Liebschaft mit einem Revier anzufangen, versuchte ich es mit Einzelabschüssen beim Vater Staat. Allein schon das schrecklich nüchterne Wort „Abschuss tätigen" sagt ja schon genug über eine in meinen Augen recht prosaische Angelegenheit. Wie kann ich eine Beziehung zu einem Revier, einer Landschaft mit ihrem Wild aufbauen, wenn ich als sogenannter Abschussnehmer nur so mal kurzzeitig dort meine Fährte ziehe. Der Berufsjäger führt mich, sagt im rechten Moment: „Bitte schießen!", und das war's im Grunde dann auch. Ich will nicht leugnen, dass auch da wunderbare, das Jägerherz erfreuende Erlebnisse möglich sein können. Ich weiß wohl, dass man oft keine andere Möglichkeit findet, wie als zahlender Gast auf die Jagd zu gehen. Doch bedeutet die Ungebundenheit den höchsten Genuss, die ich nur in einem „eigenen" Bereich haben kann. Ich finde da meine Lieblingsplätze, die mit der Zeit ihre eigene Geschichte bekommen. Jeder Weg, jeder Steg, jeder besondere Ort sagt mir: „Weißt du noch?" Sicher bin ich verwöhnt durch lebenslanges Jagen in eigenen Revieren oder durch großzügige Gastgeber, die mir freies Jagen und ein Zugehörigkeitsgefühl gegeben haben.

Doch nach meiner Oberstdorfer „Liebesbeziehung" war's damit erst einmal vorbei.

Über meine Schweißhunde geriet ich an einen Berufsjäger, der im Forstamt Sonthofen ein Riesenrevier zu betreuen hatte. Wir „bewindeten" uns erst einmal, wie es auch die Art unserer Hunde ist, indem ich mit ihm zur Gamsjagd ins Retterschwanger Tal ging. Hier war ich dann auch der besagte „Abschussnehmer". Es waren wunderbare Jagdtage. Ich möchte sie nicht missen. Wir hockten in eisigem Regen, Sturm und Schneetreiben im Häbelesgund unter Rotspitze und Daumen. Den Gams passte das Wetter genauso wenig wie uns. Pudelnaß schloffen wir in unsere Behausung in Sonthofen und wurden dort von meiner Frau wieder liebevoll aufgetaut. So schön es in dem mir vom Bergwandern wohlvertrauten Revier auch war, ich war dort nur Gast für wenige Stunden.

Am letzten Tag, nachdem ich – wie's halt auf der Jagd so geht – in der ersten Stunde schon meinen Bartbock hatte, fragte mich der Jäger Heini, ob ich nicht Interesse an einem Pirschbezirk hätte.

So kam ich in den „Großen Wald". Er liegt östlich des Grünten, vom Starzlachkessel bis zu den bewaldeten Bergen vom Walten bis zum Wertacher Hörnle mit seinen 1.730 Höhenmetern. Mein Pirschbezirk sollte dort bis zum Gipfel des Wertacher Hörnle hinauf reichen und umfasste so legendäre Bereiche wie das Ödig Gmahd, Stehles Höfle und Langenschwand. Alle diese verlockenden Namen kannte ich aus den Büchern von Edmund Müller, der sie in seinem unnachahmlichen, romantischen Stil verewigt hat.

Der Orkan Wibke hatte hier ganze Bergzüge kahl gefegt, und der junge Wald sollte durch erhöhte Abschüsse geschützt werden.

„Mein" Revier zeigte sich als Einstand der Feisthirsche, deren Brunftplatz die nahe gelegene, legendäre „Kottersch" war und sicher immer noch ist. Außerdem zogen dort Gams und Reh ihre heimliche Fährte, und Auerwild bekam ich oft in Anblick. Wenn ich im Dunkel des Morgens oder im Dämmer des Abends zum oder vom Ansitz pirschte, fuhren Herr und Hund oft erschrocken zusammen, wenn vor uns mit donnerndem Schwingenschlag ein Hahn abritt.

Rehe gab's allenthalben dort in der Höhe. Sie blieben selbst in den extrem schneereichen Wintern oben. Das Rotwild stand weiter unten im Wintergatter, und so konnten sie auch zu keiner Fütterung kommen. Sie ließen sich dann droben zuschneien und hatten regelrechte Tunnel im Schnee, wo sie an die Himbeerstauden der großen Schläge gelangten. Was von denen dann den strengen Winter überstand, das konnte nur das Beste sein. Drum fand ich es unzumutbar, jeden Rehbock – ganz gleich, wie veranlagt – bedenkenlos zu meucheln. Ich jagte auch dort so weiter, wie ich es für vernünftig fand, nämlich ihre Anzahl zu verringern – doch nicht einfach wahllos. Hier war es noch nicht so schlimm wie anderswo, wo der siegreiche Aufstieg des Schinders als höchste Tugend belohnt wird. Von oberster Stelle kommen Erlasse, deren Erstehen nach muffigen Schaumgummikissen auf knarzenden Bürostühlen riecht.

Noch heute freue ich mich, dass ich zwei prachtvolle junge Rehböcke ziehen ließ, obwohl sie sich immer wieder meiner Büchse verlockend präsentierten. Ich wäre mir vorgekommen wie ein Schädlingsbekämpfer, und ihre Gwichtl an meiner Wand hätten mir stets ein ungutes Gefühl bereitet.

Hier in der Lee-Seite des Grünten sind die Niederschläge zu jeder Jahreszeit äußerst ergiebig. Überall gluckern Wasser und Rinnsale, die üppige Vegetation könnte man fast als subtropisch bezeichnen. Das Wild brauchte nur den Äser auszustrecken, um an die feinsten, vielfältigen Kräuter zu kommen. Das machte die Jagd schwierig, denn das Wild sieht sich wenig zum Umherziehen veranlasst. Ganze Felder von üppigen Heidelbeeren unter hochschäftigen Weißtannen bieten dem Auerwild reichliche Äsung.

Im Ödig Gmahd hatte ich mir einen Lieblingsplatz unter einer mehrhundertjährigen Weißtanne ausgeguckt. Ohne einen Nagel in den ehrwürdigen Stamm zu schlagen, baute ich mir dort einen kleinen Bodensitz. Da konnte ich zu jeder Tageszeit hocken, in den weiten Schlag vor mir schauen oder weit hinaus ins Land bis zu den Bergen der Nagelfluhkette. Es gab immer was zu sehen, selbst wenn es nur die auf- und absteigenden Girlanden der Flugbahn des Schwarzspechtes waren.

Da tauchte eines späten Vormittags – ich wollte mich noch nicht von meinem Lieblingsplatz trennen – ein starker Rehbock aus der Himbeerwildnis des Schlages auf. Es sind dort nur wenige Augenblicke, in denen sich das Wild zeigt, um dann wieder im grünen Dschungel unterzutauchen. Doch die kurze Zeit hatte gereicht, um mein Herz schneller schlagen zu lassen. Das war ein ganz „Extriger!" Lange Zeit blieb er unsichtbar, mein Arm mit der schussbereiten Büchse war schon ganz lahm. Endlich hob sich sein Haupt aus den Stauden, ein Himbeerblatt hing aus seinem Äser, als er sichernd mit dem Kauen innehielt. Doch das war kein reifer Bock, der konnte sich gut noch ein weiteres Jahr seines Paradieses erfreuen. Die Sicherung ging auf „Frieden", der Stecher auf „Ruhe".

So manchen Bock, so manche Geiß mit Kitz, so manches Gams hing ich dem Forstamt in diesem ersten Jahr in die Wildkammer. Doch den Bock vom Ödig Gmahd wollte ich mir erst im nächsten Jahr wieder genauer anschauen. Sofern er dann noch lebte. Das Risiko war es mir wert, denn eine bewusst unreif geerntete Trophäe, die wollte ich nicht an meiner Wand haben.

Im kommenden Frühsommer war ich wieder droben. Die Forststraßen waren erst im Juni wieder befahrbar, der späte Winter hatte den Schnee noch im Mai meterhoch anwachsen lassen.

Auf dem Weg hinauf kam ich an einer Alphütte vorbei. Schon von Weitem erkannte ich den alten Jäger Hans, der hier das Begehungsrecht in der Nachbarjagd hatte. Ich hatte ja Zeit, und ein „Huigarte" mit einem alten, erfahrenen Jäger ist immer ein Gewinn.

Auf der Hüttenbank hockend, hinüber in die hirschberühmte Kottersch schauend – wir hatten uns ein Weizenbier vom Senn geholt – kam der Hans, als echter Allgäuer Rhapsode, ins Erzählen:

„Da drunt', er deutete vor sich, ist vor vierzig, fünfzig Jahren die Jagdgrenz' in dem kleinen Graben dort unten verlaufen. In diesem führt ein recht guter Weg und hier von diesem Platz vor der Hütte – es war damals noch eine kleine Jagdhütte – konntest du genau sehen, wenn die Nachbarjäger zum Ansitz auszogen. Nun gab's damals einen recht guten Rehbock, der mal drüben, mal herüben bei der Hütte stand. Er hatte die fatale Eigenschaft, ständig über den Grenzweg hin und her zu wechseln. Alle waren scharf darauf, ihn zu erlegen.

Eines Abends im Juni, ich war damals noch ein junger Bursch, saß ich mit meinem Jagdherrn, grad so wie jetzt wir zwei, auf der Bank vor dem Hüttle. Er wollte natürlich selbst den guten Bock erwischen. Wir hatten uns kaum niedergehockt, da erschien drunt' am Steigle der Nachbar, ebenfalls mit einem Begleiter. Die waren gewiss ebenso drauf aus, den Guten zu schießen. Herrschaft!, hat das meinem Jagdherrn gestunken! Ich sah ihm an, dass es in ihm gärte. Eine ganze Zeitlang saßen wir schweigend so da, die zwei da drunten waren längst verschwunden. Kein Rehbock in Sicht. Da packte er eine „Super Idee" aus. „Du", sagte er zu mir, „du schleichst von hier hinter dem Hüttle, überriegelt von der Bodenwelle, in die Buschinsel da drunt' am Grenzweg. Unterwegs, da schneid'st du einen g'scheiten Buschen von Daxen – zwei Aststrünke müssen dabei sein – und legst alles an die Buschinsel. Wenn du einen Schuss hörst, derschrick nicht, bleib einfach an der Buschinsel in deinem Versteck flacken!"

Ich tat alles, so wie er's mir angeschafft hatte. Damals war's nicht üblich, ältere Leut' nach dem „Wieso" und „Warum" zu fragen. Kaum war ich an der Buschgruppe mit meinen Daxen angelangt, da krachte schon ein Schuss. Ich blieb brav liegen, wie vereinbart. Nach einer angemessenen Weile erschien mein Jagdherr bei mir. Er machte sich an meinem Latschenpäckle zu schaffen. Einige Zeit schaute er gebeugt meine Zweige an, schnitzelte mit seinem Knicker dran herum. Dann stopfte er sich alles in den Rucksack. Oben schauten die starken Zweige grad wie Läufe von einem Reh heraus. Dann buckelte er sich mühsam, als sei es eine schwere Last, den in Wirklichkeit federleichten Rucksack auf. Mich wies er an, ungesehen, wie ich gekommen war, zur Hütte zurück zu schleichen. Er aber schritt, für die Nachbarjäger gut sichtbar, mit dem dicken Rucksack frei über die Almwiese zur Hütte zurück.

Ich hatte diese zwischenzeitlich durch die hintere Türe vom Schopf betreten und sah meinen Jager, offensichtlich schwer beladen die Treppe zur Hütt'n hochkommen. Er öffnete die Tür, trat in die Stube und grinste mich an. Ich war jung, unwissend wie ein Karpfen, und verstand noch immer nichts. Er warf den Rucksack vor den Herd und bat mich, eine Flasche Wein aus dem Kellerloch zu holen. „Aber vom Guten", wie er mir extra auftrug. Ich warf schüchtern ein:

„Aber Sie ha'm doch gar nix g'schossn!"

Er sagte nur „noch nicht!"

Kaum saßen wir mit dem Wein, dem ganz guten, auf der Hüttenbank, da kamen die beiden Nachbarn den Grenzweg entlang. Und zwar in entgegengesetzter Richtung, nämlich heimzu.

Einer rief zu uns herauf: „Waidmannsheil! Ich gratulier!"

Ich verstand noch immer nichts. Sicher lag's am Wein, dem ganz guten, dem ich schon in großen durstigen Schlucken zugesprochen hatte. Irgendwie hörte sich für mich das „Waidmannsheil, ich gratulier!" ein wenig säuerlich an. Am Wein kann's nicht gelegen haben, denn der war süß.

Am nächsten Morgen, ich lag noch im tiefen „Weinschlummer", schoss mein Jagdherr den ganz, ganz guten Grenzbock. Als ich den Kapitalen im Schopf hängen sah, war ich ein wenig älter und gescheiter als am Vortag. Die listige Idee meines Jagdherrn hatte ich darum nun endlich verstanden."

Glückselig in rückerinnernden Gedanken schaute mich der Hans an.

„Und du, hast scho' dein' Bock?"

Ich erzählte ihm die Geschichte von dem starken Bock im Ödigs Gmahd.

„Schau nur, dass'dn bald kriegst, da dro'm derfst net allz'lang umanand tun!"

Wir genehmigten uns noch ein Weizen, dann mahnte die sinkende Sonne zum Aufbruch.

Vergeblich suchte ich den Bock im Einstand des Vorjahres. Oft und oft saß ich an meiner Wettertanne. Eines Tages hatte ich meinen alten Jagdfreund Oskar mit dabei. Wir kannten uns schon eine gute Zeitlang, waren seinerzeit miteinander in der Mongolei auf Steinböcke gewesen und konnten gut stundenlang schweigend nebeneinander auf meinem Bankerl sitzen. Meinen Schweißhund Raika hatte ich ein paar Schritte entfernt abgelegt, als die Hündin plötzlich klagte, aufstand und sich wie besessen schüttelte. Da sah ich es. Sie war ausgerechnet auf einem Erdloch gelegen, in dem ein Wespennest war. Ihr Rücken war schon von etwa zwei Dutzend der Schwarz-Gelben bedeckt. Ich sprang hinzu, zog sie fort von der wütend ausschwärmenden Schar und wischte die Quälgeister von ihrem Buckel. Sie stand unter Schock. Sofort war der Oskar zur Stelle: „Schnell, da nunter zur Quelle!" Ich trug die Hündin dorthin, der Oskar nahm ein paar Huflattichblätter, zerrieb sie und ich legte sie der Hündin auf, nachdem ich sie mit kühlendem Quellwasser benetzt hatte. Dann sagte er, jetzt werde er das Gift herausziehen. Er stellte sich über den Hund und fuhr mit den Händen, ohne das Tier zu berühren, langsam über den Rücken. Dabei tropfte ihm nach wenigen Minuten vor lauter Konzentration der Schweiß von der Stirne. Erschöpft musste er sich nach etwa fünf Minuten setzen. Er war fix und fertig. Vorher wies er mich an, ich solle die Hündin langsam hin und her führen. Nach etwa einer Viertelstunde war meine Raika fidel und munter, als sei nie etwas gewesen. Dabei hatte sie von den vielen Wespen eine Unmenge Stiche abbekommen.

Der Oskar ist eines jener Naturtalente, die Krankheitsherde mit den Händen über die Aura des Kranken erfühlen und sogar Blutungen zum Stillstand bringen können.

Mir kam das wie ein Wunder vor. Einige Jahre vorher wurde die Vorgängerin der Raika, mein BGS Silva, von nur einer Wespe gestochen. Wir mussten den Tierarzt-Notdienst verständigen, so dramatisch waren die Folgen. Noch drei Tage lang bekam die Hündin Cortisonspritzen. Ihr edler Kopf war derart aufgeschwollen, dass sie ausschaute wie ein unförmiger Mastino.

An diesem unliebsam unterbrochenen Nachmittag zeigte sich nur ein geringer Gabler, den ich ruhigen Gewissens erlegen konnte. Seine Anwesenheit bewies mir, dass der Starke seinen Einstand verlegt haben musste. Jetzt hieß es suchen, wo er sich herumtrieb.

Bei meiner Umschau geriet ich auf einen verwachsenen alten Steig. Er führt in Serpentinen vom Ödig Gmahd aufwärts und dann über den Höllbach hinüber zum Langenschwand. Als ich vorsichtig pirschend einen Jungwald durchquerte, stand ich unvermittelt vor einer reichlich verfallenen, aus Stämmen gefügten Hütte. Ich kam mir vor wie im Märchen beim Betreten eines Zauberreiches. Das Dach mit seinen verwitterten Holzschindeln war teilweise eingebrochen, der Türstock schief, die Türe lag vermodert im Hang. Die Zweige der Fichten schauten zu der leeren Fensterhöhle hinein. Drinnen standen noch Tisch, Stuhl und Eckbank, reichlich morsch von Wind und Wetter, Schneestürmen und Regengüssen. In der Ecke hockte ein Herd, wie noch immer bereit, mit Feuer und Flamme dienstbar zu sein. Ein alter Bergschuh lag, vom Mausezahn angeraspelt, unter dem Tisch. Die Sohle aus Holz, die Unterseite bewehrt mit krummgeschlagenen Nägeln – der Griffschuh der armen Hirten. Ich setzte mich vorsichtig auf die alte Bank, schloss die

Augen und versuchte, mich in lang vergangene Zeiten zurück-zuversetzen. Welche Menschen mögen hier gehaust, gearbeitet, gehofft und gebangt haben?

Der Hans, der alte Jäger vom Nachbarrevier, erzählte mir bei unserem nächsten Wiedersehen von der Hütte. Sie hieß schon in seiner Jugend – und die lag viele Jahrzehnte zurück – die „Villa Ratz". Sie war damals schon verlassen und diente den abenteuerlichen Streifzügen seiner Kindheit als märchenhafte, geisterumwobene Stätte und als Unterschlupf bei grobem Wetter.

Unweit davon grünte eine quellendurchgluckerte Blöße, an der ich gern bei günstigem Wind hockte, denn auch hier kündete vieles von den heimlichen Waldbewohnern.

Es gab noch einen bei Rehen besonders beliebten Platz, das „Stehles Höfle". Das war ein länglicher, flacher Wiesenstreifen, wie ein Absatz im steilen Anstieg zum Wertacher Hörnle. An seinem westlichen Ausläufer stand, gut gedeckt zwischen hohen Fichten, eine Kanzel. Hier hatte ich schon viele Rehe in Anblick gehabt und erlegt. Vielleicht passte ihm dieser Platz heuer besser.

Den Wagen stellte ich am horizontalen Querweg ab und stieg die knappe halbe Stunde zu meinem Ansitz hinauf. Es war Anfang Juli, ein warmer Frühsommertag ging zur Neige. Ich war noch gar nicht lange gesessen, da zog schon von oben her ein Schmalreh auf die Wiese, naschte hie und da von den vielerlei Kräutern und bummelte schön langsam auf meine Ecke zu. Während ich noch überlegte, ob ich es nicht schießen sollte, trollte wiederum von oben her ein Bock auf die Freifläche. Glas hoch – es war der Vielgesuchte. Er war noch besser geworden, die Hinterenden zackten im rechten Winkel am aufregend guten Gehörn. Da wollte ich nicht mehr lange zuwarten. Ich hob die Kipplaufbüchse, da stob wie ein Wirbelwind ein Stück Rotwild auf die Wiese und jagte auf Bock und Schmalreh zu. In panischer Flucht tauchten beide im Dunkel des angrenzenden Fichtenbestandes unter. Doch das Stück, jetzt sah ich es, ein Schmalspießer mit kurzen Baststumpen, tobte wie ein ausgelassenes Kind rund um die Wiese. Was war denn mit dem los? Waren es Rachenbremsen, die ihn verfolgten? Nein, das konnte es nicht sein, denn übermütig sprang er alle paar Meter hoch und schnappte – anders kann ich es nicht bezeichnen – nach herabhängenden Zweigen. Dazu keilte er hinten aus und vollführte Sprünge wie ein bockendes Pferd. Ihn freute einfach das Leben!

Und den sollte ich jetzt schießen? Das brachte ich einfach nicht fertig. Ich schaute ihm noch eine Weile amüsiert zu, bis er sich wieder nach dorthin, woher er gekommen war, vertrollte.

Es war nun mittlerweile reichlich dämmrig geworden, und ich wollte noch ein knappes Viertelstünderl ausharren. Da zog von der unteren Ecke der Bergwiese ein Stück Rehwild ins letzte Abendlicht. Er war es wieder, mein Bock. Die Attacke des großen Verwandten hatte er nicht lange übel genommen. Als er breit stand und nach der Höhe äugte, wo der Spießer herumgeisterte, krachte der Schuss in den todstillen Sommerabend. Einen kleinen Halbkreis schaffte er noch, dann verrieten mir schwankende Himbeergerten, wo seine letzte Flucht ihr Ende fand. Eine Amsel zeterte tagesmüd', dann umfing mich die köstliche Stille des Bergwaldes.

Die grünen Berggeister hatten mich dafür belohnt, dass ich den fröhlichen Spießer hatte springen lassen.

Als ich die schon vom Tau benetzte Krone in Händen hielt, war des Jägers Glück vollkommen. Beim Abstieg, am ersten freien Ausblickspunkt saßen dann Herr und Hund lange Zeit mit ihrer Beute. Weit schweift von dort der Blick zum Grünten, zur Hörnergruppe bis zur Nagelfluhkette, die im letzten Tagesschimmer wie ein Scherenschnitt am Horizont verblasste. Der bittere Geruch des Farns zog in der beginnenden Kühle der Nacht, nach dem heißen Sonnentag, von den feuchten Gründen herauf. Von weiter unten vernahm ich den gierenden Ruf der jungen Waldkäuze, und die ersten Fledermäuse taumelten im Jagdflug durch die heraufdämmernde Nacht. Die „Rote

Hündin" saß aufmerksam neben mir, mit hoher Nase holte sie ständig Wittrung von Geheimnissen, die mir als Mensch verborgen bleiben. Ich musste mich losreißen aus dieser Zauberstunde.

Drunten dann beim Wagen hatte mich die Gegenwart mit ihren Pflichten und Forderungen wieder eingeholt, und wir rollten hinaus aus unserem Paradies des Jägers Glück – der Einsamkeit.

Sommergams

„Die Gamslan schwarz und braun, dö san so liab anz'schaun", so heißt es im alten Jager- und Volkslied. Für mich, als noch jungem Bergjäger, war es seinerzeit auch erst die richtige Gamsjagd, wenn kohlracklschwarze Böcke sich im stäubenden Schnee auf Leben und Tod über Fels und Gräben jagten. Auch der Wunsch nach einem prachtvollen, weißbereiften Wachler spielte da mit. Freilich, die Zufriedenheit nach einem erfolgreichen Jagdtag bei Kälte, Schnee und der Überwindung winterlicher Gefahren, das würzt das Erlebnis schon ganz besonders. Aber warum muss es denn immer eiskalt sein? Das Gamsjagern kann einen im Sommer auch ganz gehörig fordern, zumal man die Beute nicht im Schnee hinter sich her zu Tal ziehen kann. Und so ein vollfeister „Krampus" mit seinen etwa achtundzwanzig, dreißig Kilo, der schiebt einen bergab ganz schön zusammen, dass man hernach glaubt, geschrumpft zu sein. Es müssen auch nicht jene 42 Kilo sein, die der legendäre Gamsbock vom Forstwart Hohenadl aus Wertach einst auf die Waage brachte. Und leicht bekleidet, bei schönem Wetter im Berg zu jagen, das hat doch was, vor allem, wenn das Wetter mitspielt.

Mit solch „bedrückenden Sorgen" war ich mit Frau und Hund Anfang August wieder in unserem Allgäuer Revier.

Vor dem Jagdhaus, in dem wir unsere Wohnung hatten, parkte neben den heimischen Geländewägen ein Auto mit spanischem Nummernschild. Sogleich, kaum dass wir uns etabliert hatten, wurden wir zum Mitpächter und Jagdhausherren gerufen. Es gäbe etwas zu begießen.

Bei der enormen Größe des Reviers und dem entsprechenden Abschuss gab's zwar immer was zu feiern, doch heute sei der Anlass ein ganz besonderer.

In der großen holzgetäfelten Stube, deren Wände von erlesenen Krucken und Kronen starrten, hockte schon eine fröhliche Jägerschar um den riesigen, schweren Ahorntisch. Bier und Wein waren aufgetischt, ein gewaltiges Trumm Bergkäs', Hirsch- und Gamswürste und die dazugehörigen Brotlaibe. Sepp, der Hausherr, begrüßte uns mit Gipsbein.

„Ja, was hast denn du ang'stellt?"

„Am Rappe'kopf hat's mi ra g'schlage!"

Auf einem steilen Grashang war er ins Rutschen gekommen und zum Glück an einem Felsblock hängen geblieben, sonst hätte die Fahrt in den Abgrund ein böses Ende genommen. Das Schienbein angeknackst, der Schaft der Büchse gebrochen – er nahm's inzwischen gelassen.

Nun waren seine Jagdgäste, Vater und Sohn, aus Andalusien da, die er im Vorjahr auf der Jagd in Rumänien kennengelernt und auf Gams eingeladen hatte. Selber nicht in der Lage die Spanier zu führen, sollte sein Freund „Sebes" – es ist die Allgäuer Form von Sebastian – die Gäste führen und zu Schuss bringen.

Aber da tauchte ein Problem auf: Sebes sprach weder spanisch noch englisch, nur urigen, unverfälschten „Taldialekt". Und der ist für einen nur hundert Kilometer entfernt Wohnenden schon schwer zu verstehen, geschweige denn für einen Spanier. Der wackere Freund, als großer „Allgäuer Rhapsode", war aber um eine Lösung keineswegs verlegen. Das größte Problem war die Beschuhung der Jagdgäste, sie hatten nur Gummistiefel dabei und wollten sich partout keine Bergschuhe kaufen.

„Gut", sagte sich der Sebes, „dann führe ich euch halt mit Gummistiefeln auf den Berg". Er wählte ein „zahmes" Gelände – was ein Allgäuer eben so „zahm" nennt – und sie kamen auch bald an ein Scharl Gams. Doch wie sollte er dem Gast erklären, welches Stück er erlegen könne? Jetzt kamen sein großer Auftritt und seine schauspielerische Begabung zum Einsatz. Das kleine Gamsrudel bestand aus drei Kitzgaisen und einer Dreijährigen, die noch nicht führte. Er konnte aber nicht sagen: „die Dritte von rechts kannst du schießen", er musste das ohne Worte mit Körpereinsatz darstellen. Dafür ging er auf „alle Viere" herunter und mimte jedes einzelne Stück. Eines äste nach links, also „äste" er auch nach links und schüttelte dazu verneinend den Kopf, dann kam eine Gais, die wiederkäuend niedergetan war, also legte er sich auch „wiederkäuend" nieder und schüttelte abermals den Kopf. So stellte er das ganze kleine Rudel dar. Die Dreijährige mimte er so bildhaft und deutete mit seiner Hand auf sein „Blatt", sagte dazu „bumm", dass die Spanier verstehend nickten. Und wirklich erlegte der Spanier-Papa die richtige Gais.

Diese tolle Geschichte führte uns nun der Sebes auf dem Dielenfußboden nochmals vor, mit Äsen, Niederlegen, Wiederkäuen und Schussmarkieren. Das Gelächter wollte nicht enden. Er hatte diese Vorführung nun schon zum wiederholten Male jedem neu Dazugekommenen erneut dargeboten, und man sagte uns, er wäre von Mal zu Mal immer „gamsiger" geworden. Kein Wunder, denn der körperliche Einsatz verlangte nach neu beflügelnder, flüssiger Stärkung.

Die Stimmung war ausgelassen und der Sepp in Geberlaune. Also lud er nun auch noch den Spanier-Sohn auf einen Gams ein. Und dann kam der Anschlag auf mich: „Gerd, kannst du Spanisch? Dann führ' du den Burschen!"

„Ich spreche ein tolles Spanisch, zum Beispiel „dos cervezas por favor", was „bitte zwei Bier" heißen soll, und ähnliche „überlebenswichtige" Begriffe, aber für die Gamsjagd, denke ich, müsste man mit dem Burschen doch mit Englisch klarkommen, die meisten Spanier können das doch!"

Schnell war das geklärt, Manolo, der sympathische Sohn, sprach ein gutes „roman English", sodass wir uns mühelos verständigen konnten. Meine erste Bedingung waren aber Bergschuhe. Mit Gummistiefeln war mir die Gamsjagd doch zu riskant, zumal ich mit meinem Schützling eine schöne Tour vorhatte. Wenn er hier schon seinen ersten Gams erlegen würde, so sollte das für ihn ein besonderes Erlebnis werden. Zum Glück passte ihm mein zweites Paar Bergstiefel, das hier immer zur Reserve bereitstand. Auch hatten diese Schuhe an Ferse und Spitze eiserne Griff'. Das ist bei unseren steilen Allgäuer Grashängen bei nassem Wetter ohnedies ein „Muss".

Am Nachmittag ließ ich ihn noch einen Probeschuss machen, ohne den ich keinen Unbekannten auf die Jagd mitnehme. Mir fiel dabei auf, dass der Achtzehnjährige ein wenig „muckte". Kein Wunder, denn er führte einen „Bärentöter" mit dem fürs Gebirg unpassenden Kaliber 375 Magnum. Daraufhin ließ ich ihn mit meiner Scheiring im Kaliber 243 einen weiteren Schuss probieren. Das gefiel ihm und mir schon besser, schießt sich doch die Kipplaufbüchse so sanft wie ein Kleinkaliber. (Wirkt aber besser.) Wir verabredeten uns für den nächsten Morgen, denn der Tag war mit der Gamsfeier und den „Aufführungen" vom Sebes schon zu weit vorangeschritten.

Und überhaupt, dieser Sebes war ein echtes Allgäuer Original. Er stammte aus Hinterstein, das ein paar Täler weiter östlich von Oberstdorf liegt. In diesem Tal bilden sich manchmal ganz besondere Typen heraus, wohl bedingt durch die gewisse Weltabgeschiedenheit, die in der vergangenen Zeit eine viel größere war. Es gab noch keine, die eigene Fantasie abtötende Überflutung durch die Medien. Meine Schwiegermutter, als Tochter aus dem seinerzeit größten Gasthof in Hinterstein, konnte wundersame Geschichten erzählen. So war dieser Gasthof „Steinadler" während der Hofjagden des Prinzregenten Luitpold Hauptquartier der königlichen Entourage.

Nebenbei bemerkt: Während der letzten Jahre des Zweiten Weltkriegs hatte der Erfinder des Computers, Konrad Zuse, seinen Prototyp, den Vorreiter aller künftigen Rechner, im Heustadl des „Steinadler" versteckt.

Die festlichen Essen nach den Hofjagden fanden dort im großen Saale statt. Sogar auf der Jagd herrschte das strenge königliche Hofzeremoniell. So schrieb die Etikette vor, dass niemand vor dem Herrscher das Besteck ergreifen durfte, und wenn dieser das seine weglegte, war auch das Mahl für alle anderen beendet. Da der alte Herr ein wenig magenleidend war, so war er mit dem Speisen schon fertig, bevor der letzte der Jäger seinen Teller serviert bekam. Damit die Jagdhelfer nicht hungrig von dannen ziehen mussten, durften sie sich hernach in der Küche über die abservierten, kaum angerührten Speisen her machen. Der Prinzregent hatte sich auf der Jagd eine Lungenentzündung geholt, denn die eisenharten Wittelsbacher übernachteten oft am Berg unter freiem Himmel. Er musste in seinem Zimmer, im Sessel aufrecht sitzend festgebunden schlafen, damit er sich nicht niederlegte und die Lunge frei von Schleim bliebe.

Wenn der hohe Herr im Berg auf seinen Jagdhütten weilte, brachte meine Schwiegermutter, damals noch ein Schulmädel, die Depeschen und weitere Post mit einem Packpferd ins Revier. Als Lohn bekam sie einen Schokoladentaler in „Goldpapier" mit dem Bild des Prinzregenten darauf.

Das Hintersteiner Original war seinerzeit der „Moos-Nies". Richtig hieß er Nikodemus und wohnte in einem kleinen Häusle im Moos drunten an der Ostrach. Sein Beruf war Wegmacher. Diese Leute waren Winter wie Sommer unterwegs, um Straßen und Alpwege passierbar zu halten. Von dieser kräftezehrenden Arbeit erholten sie sich stets im „Steinadler" bei einer Brotzeit mit Befeuchtung. Die Stärkung würzte ein mitgebrachter Schluck „Murmeleschmalz", den man hernach mit einem vom Wirt spendierten Enzian nachspülte. Das Fett der zahlreich vorkommenden Murmele ließen sich die Wegmacher selber aus, sie schworen auf die gute gesundheitliche Wirkung und wurden dabei „sturmalt".

Eines Tages kam ein Professor aus München angereist, der für seine Forschung unbedingt Knochen von Wildtieren brauchte. Er geriet an den Moos-Nies und beauftragte ihn, alle Knochen vom Fallwild, die dieser im Frühjahr nach der Schneeschmelze bei seiner Arbeit reichlich fand, zu sammeln. Jahr für Jahr trug nun der brave Wegmacher alle „Buiner" im „Schopf" – seinem Schuppen – zusammen. Im Sommer kam alljährlich der Professor und konnte begeistert seine Schätze nach ausführlichen, nun auch „fachmännischen" Gesprächen mit seinem Helfer nach München mitnehmen. Eines Jahres aber blieb der Forscher aus, doch der Moos-Nies sammelte und sammelte noch Jahre unverdrossen weiter. Bald war der Schopf voll bis zur Decke, die besonderen Stücke waren eh schon im Häusle aufbewahrt. Der neu angelegte „Buiner"-Haufen, vor dem Anwesen aufgetürmt, wurde hoch und höher; zur Begeisterung aller Füchse und Dorfhunde, die so manche Rarität davonschleppten. Der Brave hätte noch weiter Jahr um Jahr gesammelt, hätte nicht der Tod ihm Hacke und Wegmacherschaufel aus der Hand genommen. Den Häusle-erbenden Anverwandten muss sich ein erhebender Anblick geboten haben. Es stellte sich heraus, dass der Professor aus München schon vor etlichen Jahren das Zeitliche mit all seinen „Buinern" gesegnet hatte.

Man hatte total übersehen, dem Moos-Nies zu sagen, dass der „Große Knochensammler" seinen Professor zu sich geholt hatte.

Doch nun zurück über die Berge ins Rappenalptal zum meinem spanischen Gamsjäger.

Schon in der Vorsonnenstunde hatten wir nach kurzem Aufstieg einen guten Ausguckplatz gefunden. Vor uns kleinere und größere Latschenbeete mit dazwischen liegenden Lahnergrasinseln. Darüber ragten die schroffen Wände der Schafalpköpfe bis zu den zweieinhalbtausend Meter hohen Graten. In guter Deckung war's ein entspanntes Hocken und Schauen. Langsam stieg die Sonne im Osten hinterm Biberkopf empor und die vorher noch im Morgenlicht rotglühenden Felswände verblassten allmählich. Es versprach ein heißer Augusttag zu werden. Drei, vier Kitzgaisen tauchten äsend mit nickenden Häuptern, eifrig die saftigen Berggräser rupfend, auf. Die Jugend tollte übermütig „Fangermandl" spielend zwischen den Latschengassen. Wie Flöhe sprangen sie, sich um die eigene Achse drehend, übereinander hinweg. Manolo war begeistert, das hatte er noch nie gesehen. Es zeigte sich noch ein sehr guter, zu guter Bock, und ich konnte dem jungen Jäger ein wenig die Unterschiede zwischen den Geschlechtern erklären. Als nach eineinhalb Stunden kein weiterer Anblick zu erwarten war, packten wir zusammen und stiegen weiter. Nach einer weiteren Steigerei erreichten wir – vorerst noch nicht einsehbar – ein kleines Hochtal. Vorsichtig über die begrenzende Kante spähend, entdeckte ich am jenseitigen Hang unterhalb einer Felswand ein einzelnes Gams. Das Spektiv zeigte einen jagdbaren, geringen Bock, grad das Rechte für einen Erstling. Doch es war weit, vielleicht zweihundert Meter.

„Traust du dir den weiten Schuss zu?"

„Kein Problem, in Spanien müssen wir auch oft weit auf Rotwild schießen."

Ich baute ihm aus Rucksack und Wetterfleck eine bequeme Auflage, der Schütze legte sich nieder und visierte den Bock an. Als dieser breit stand, gab ich Feuererlaubnis und konzentrierte mich mit dem Spektiv auf das Wild, um das Schussergebnis zu beobachten. Im Knall knickte der Bock hinten ein, flüchtete krummrückig bergab und verschwand in einem sich weithin erstreckenden Latschenfeld.

Verdattert erhob sich mein Schützling. Ja, Herrschaftszeiten!, wie sah denn der aus? Blut rann ihm in breitem Strom von der Augenbraue übers Gesicht. Ich verbiss mir die Bemerkung: „Willkommen im Klub der Gezeichneten!" Er wollte es halt besonders genau machen und da hatte er das Zielfernrohr unmittelbar ans Auge gebracht. Da schiebt selbst die sanfte 243 gefährlich an. Am Jochbein hatte das Glas einen schönen Halbmond eingestanzt. Als erstes musste ich nun hier die „Schweißarbeit" machen, bevor's zum Anschuss gehen konnte.

Doch dazu mussten wir uns reichlich Zeit lassen, denn es sah ganz nach einem Waidwundschuss aus.

Die Sonne hatte mittlerweile den Zenit erreicht, und es wurde heiß. Wir verzogen uns in den Schatten, tranken unsere Wasserflaschen leer, wobei meine Schweißhündin Silva auch ihren Anteil bekam, denn bald würde ihr Einsatz kommen.

Mir grauste vor der Nachsuche im hitzewabernden Verhau der Latschen. Die bürstendichten Fichtendickungen des Unterlands – ich kenne sie zur Genüge – sind im Gegensatz dazu ein lauschiger Laubenwandelgarten für alte Stiftsdamen. Selbst ohne Schweißhund am Riemen mit seinen Widergängen unter und über dem federnden Astgewirr ist eine Durchquerung eines Latschenfeldes ein turnerischer Leckerbissen. Aber wieso lasse ich auch einen wenig erfahrenen Schützen auf solche Entfernung schießen? Und auch noch einen, der muckt! Späte Vorwürfe bringen aber nichts.

Also auf, zuerst zum Anschuss! Dort, wie erwartet, alle Anzeichen für einen Weichschuss. Zur Fährte gelegt, führte mich die Hündin über ein Schotterfeld, verwies immer wieder dunklen Schweiß, doch dann ging's hinein ins Vergnügen. Alle unnötigen Kleidungsstücke samt Rucksack hatte ich ohnehin schon beim abgelegten Schützen zurückgelassen. Aber hier war mir alles im Weg, vor allem die Büchse. Aber lasse ich sie zurück, so brauche ich sie ganz gewiss für einen Fangschuss. Bald war ich schweißgebadet. Hier stand die Hitze. Waren wir noch auf der Fährte? Jede Bestätigung fehlte, ich verließ mich ganz auf die erfahrene Hündin. Waren wir schon hundert Meter oder gar doppelt so weit vorangekommen? Daran konnte ich nicht denken, ich hatte genug zu tun, dem „Roten Hund" zu folgen. Ich dampfte und sott.

Nach einer halben Stunde Kampf mit den federnden Latschen begann die Hündin einen Widergang zu arbeiten. Mal ging der Hund unter den Ästen durch, mal oben drüber, da heißt's ständig Schweißriemen entwirren, nachziehen. Die Hündin konnte ich nicht sehen, es war hier einfach zu dicht. Doch dann wurde der Riemen schlaff und ich hörte sie den Gams beuteln. Er war längst verendet. Der Ausschuss war durch ausgetretenes

Gescheide verstopft, darum fehlte der bestätigende Schweiß. Der Schuss saß, wie vermutet, weit hinten, noch hinter der Leber und hatte keinerlei Organ verletzt, so dass der Bock noch genügend Energie besaß, so weit zu flüchten.

Gut, der Gams war unser, doch wo befand ich mich denn? Wegen der Kreuz-und-quer-Folge hatte ich jegliche Orientierung verloren. Dazu war mir durch die stubenhohen Latschen jeder Ausblick auf die Berggipfel verwehrt. Na, ich würde schon irgendwie aus dem Dschungel herausfinden. Also erst einmal den Bock aufgebrochen. Und dann: „ja toll!", der Gamsträger war im Rucksack geblieben. Aus den widerspenstigen Zundern ein Wild, und dann noch eins mit Krucken, herausziehen, die sich dauernd verhaken, ist ein Kapitel für sich. Also band ich mir den Bock mit dem Schweißriemen auf den Rücken. Jedoch wohin sollte ich mich wenden? Wo ging's hier wieder raus? Auf jeden Fall musste ich bergauf, denn talwärts gibt's jähe Steilwände. Wenn ich diese Richtung beibehielte, so sollte ich unbedingt in die Nähe der Felswände kommen und dort gab's allemal Wildwechsel. Und richtig, ich geriet auf eine schmale Gasse im Astgewirr. Die führte mich endlich hinaus aus der „Latschenkiefersauna". Mühsam, stolpernd und schweißgebadet draußen angelangt, ließ ich den Bock erleichtert von den eingeschnürten Schultern gleiten, verschnaufte erst einmal, bevor ich meinen wartenden Schützen abholen ging.

Die stolze Silva wollte ihr Wild nicht verlassen, also blieb sie und bewachte ihre Beute. Das war eh nicht verkehrt. Die Kolkraben zogen bereits schnalzend und klongend ihre Kreise.

Mein Manolo war überglücklich, als ich ihm nun den erfolgreichen Ausgang der Nachsuche berichten konnte. Wieder bei Hund und Gams zurück, klebte uns allen die Zunge am Gaumen. Weit und breit kein Wasser, unsere Flaschen waren längst leer. Glücklich nahm der junge Jäger seinen Latschenbruch entgegen. Er erzählte mir von gewissen geschmacklosen spanischen Bräuchen nach Erlegung des ersten Stückes Schalenwild.

Sie unterscheiden sich wenig von jenen abartigen Pseudo-Bräuchen, die manche auch bei uns pflegen, wie Schweiß aus der Leibeshöhle trinken, oder sich gar damit einzureiben.

Endlich konnte ich mir den Fünfjährigen mit dem Gamsträger bequem auf den Rucksack schnallen. Der junge Bursch schien jetzt bergab Probleme mit dem Gelände zu haben, zumal er mit dem Bergstecken überhaupt nicht umgehen konnte. Da wollte ich ihm nicht noch zusätzlich die schwere Beute aufladen, was ich sonst bedenkenlos getan hätte. Wir wählten den kürzeren Weg ins Tal, wo der Rappenalpbach mit seinen kristallenen Wassern verlockend rauschte. Dauernd strauchelte Manolo bedenklich. Bergab ist es halt oft schwieriger als bergauf. Das konnte noch ein Problem werden. Ich ließ mir jetzt meine Büchse geben, die er als stolzer Erleger gerne selber tragen wollte. Mir erschien sein Gestolpere zu riskant. Im Stillen pries ich meine Hartnäckigkeit, dass ich den Gummistiefeln nicht zugestimmt hatte. Vor dem letzten steilen Abhang, den es vor der Talsohle noch zu überwinden galt, setzte er sich erschöpft hin. Das war ihm hier zu steil. Doch einen besseren Weg gab's nicht. Die Angst, abzustürzen, ließ ihm die Knie zittern. Also setzte ich mich ebenfalls erst einmal nieder, der Bock druckte ja auch gehörig, und wir verschnauften eine gute Weile. Alles Zureden und Demonstrieren, wie leicht es mit Unterstützung des Bergsteckens ginge, half nichts. Da bot ich ihm an, dass ich ihn mit dem Schweißriemen anseilen würde. Damit hätte er Sicherheit und Zutrauen, dass er nicht abstürzen könne.

Gesagt, getan. Es muss ein erhebendes Bild gewesen sein, wie wir zwei uns Schritt für Schritt hinab tasteten. Meine Frau hat später fürs Jagdtagebuch ein köstliches Bild gemalt: zwei Jäger, einer hochbepackt, der andere am Strick hängend, wie ein Kalb auf dem Weg zum Metzger. Es wurde viel belacht. Doch gegen Angst, und sei sie noch so unbegründet, gibt's kein Mittel.

Auch diese Kraxelei ging zu Ende. Aufatmend setzte ich meine Bürde ans Ufer des Bergbaches, während meine Silva schon längst vorausgeeilt war und genussvoll im Wasser liegend, das kühle Nass hineinschlabberte. Rasch hatte ich mich meiner Kleidung entledigt und haute mich auch in einen kleinen Gumpen. Dabei soff ich, ja – anders kann man es nicht ausdrücken – das klare Bergwasser in vollen Zügen. Mein g'schamiger Spanier zierte sich erst ein wenig, doch dann sprang auch er „pudelnackert" ins Wasser und „pritschelte" übermütig nach den überstandenen Mühen darin herum. Jetzt konnte er auch das angetrocknete Blut aus seinem Gesicht waschen, denn er sah aus wie ein Indianer auf dem Kriegspfad.

Als ich am Spätnachmittag Sohn mit Beute dem bangenden Vater abliefern konnte, fiel mir ein letztes Gewicht von den Schultern. Und auf den Erfolg haben wir nicht nur „dos cervezas" getrunken.

Im Moos

An den meisten Jagdtagen kommt man ohne sichtbare Beute heim. Es hat also nicht geknallt. So darf es denn wohl auch Jagdgeschichten geben, in denen es nicht knallt – oder? Aber abwarten!

Immer schon ist mir die Bergjagd das Liebste. Gleich danach kommt die Jagd im Moos. „Moos" ist im Süden unseres Sprachraums das Wort für „Moorlandschaft". Dort webt ein geheimnisvoller Zauber, besonders zu Zeiten, in denen der Jäger um die Wege ist – in aller Herrgottsfrühe und abends bis zur einfallenden Nacht. Es begegnen einem Gestalten von Bäumen und Sträuchern, die im Verdämmern des Tages im aufsteigenden Nebeldunst allerlei vorgaukeln. Da wandelt sich ein niedriger Latschenboschen zum Keiler und eine Krüppelfichte zum verhoffenden Hirsch. Jeder Jäger kennt diese Stunde, in der man immer wieder das Glas nimmt, weil man glaubt, diese oder jene Gestalt hätte sich doch gerade bewegt.

Eine glückliche Fügung hatte mich vor vielen Jahren mit meinem Freund Friedl zusammengeführt. Ein Mann wie ein Fels, mit einem großen Herzen für Freundschaft. Zudem ein erfahrener Waidmann, bei dem Jagd auch ein Handwerk ist, das ein Berufsjäger nicht besser ausüben könnte. Er ist Jagdherr eines großen Reviers im Murnauer Moos. Sein Haus liegt auf einer Anhöhe, hoch über dem großen Kessel, in dem sich das Moos bis zu den beginnenden Vorbergen hinbreitet. Von dort droben kann er bequem über das sich kilometerweit erstreckende Schilfmeer schauen. Gleichsam von der Haustüre aus erfreut er sich am Anblick seines Rotwilds, das jedem Zugriff entzogen, dort unten einen sicheren, ungestörten und wohlbehüteten Einstand hat.

Nach Süden und Westen zu begrenzen das Moos die „Köchel". Das sind niedrige, bewaldete Höhenrücken. Von Ferne wirken sie wie Buckel von versunkenen, riesigen Urwelttieren. Im südöstlichen Hintergrund begrenzt das Estergebirge den Blick. Ein wenig südlicher davon schaut schroff das Zugspitzmassiv hervor, und westlich umrahmen das Moos Ettaler Mandl, Aufacker(berg) und das 1.400 m hohe Hörnle.

Mitte Juni kann ich endlich der Einladung meines Freundes folgen, der für mich zwei Rehböcke bestätigt hat. Der herzliche Empfang wird von einer verlockend reichhaltigen Brotzeit gekrönt. Das üppige Angebot lässt mich zulangen, mehr als ich es zu der mittäglichen Stunde gewohnt bin. Wir müssen uns vom gemütlichen Schwelgen unter den schattigen Bäumen regelrecht losreißen, die Böcke kommen nicht in den Garten. Unser Weg führt zu den Plätzen, an denen der Friedl in den vorhergehenden Wochen die Böcke ausgemacht hatte.

Als erstes will ich mich einem alten Moosbock widmen. Der Wiesenpfad führt mich an zwei kleinen schilf- und weidenumstandenen Weihern vorbei. Die Wasserfläche bedeckt Entengrütze; am Rand hocken Teichfrösche, sie murksen und quarren. Mein Schritt lässt die am Ufer sitzenden Sänger mit plumpsendem Kopfsprung ins Grüne hinabtauchen. Schon sitzen mir blutgierige Mücken im Genick. Recht früh im Jahr sind sie hier schon aktiv. Über schlüpfrige Bohlen balanciere ich über ein schmales Bächlein, das sich im grünen Dämmer der Erlen träg dahinschlängelt. Dann bin ich auch schon an meinem Hochsitz, der sich dem Rand des kleinen Erlenwäldchens einfügt. Vor mir breitet sich eine etwa 300 m weite freie Ebene hin, nur von einzelnen kümmerlich krüppeligen, kleinen Fichten und Birken bestanden. Kreuz und quer ziehen sich Rotwildwechsel durchs Moos. Die Fläche, wenn man darüber schaut, wirkt glatt und eben, ist aber durch die „Schroppen" eine kleine bucklige Mini-Welt. Hier heißen sie so, im

Norden des Vaterlands sind's Grasbülten. Im englischsprachigen Raum heißen sie „Nigger-heads". Das heißt, sie hießen früher so. Sicher nennt man sie jetzt, da das wahrlich nicht mehr schön klingt: „coloured gentleman's head". Gegenüber, jenseits der ebenen Fläche erhebt sich ein flacher Köchel. Dort, so weiß ich es von den Vorjahren, wächst dichter Urwald. Da finden Reh und Rotwild Einstand und reichhaltige Äsung. Wie ich mit dem Glas die Gegend absuche, leuchten mich Aberhunderte blauer Iris an. Es ist wie im Märchengarten. Wenn ich zu den weißstämmigen Birken am linken Rand meines Gesichtsfelds schaue – überall die blauen Wunderblumen. Mal stehen sie einzeln, dann wieder in üppigen, dichten Büscheln. Hier findet man eine wahre Zauberwelt voll seltener Pflanzen und Getier. Ein Anziehungspunkt für Naturfreunde und Experten für Fauna und Flora. Unter ihnen sind die Schmetterlingsforscher ganz besonders anspruchsvolle Fachleute. Man nennt sie Lepidopterologen. Sie fordern, das Rotwild müsse von hier verschwinden. Durch die Wechsel, welche es in die Schilfwildnis tritt, würde die Schmetterlingsbrut zerstört. Man erspare mir jeden Kommentar!

Direkt vor mir, hinter dem Köchel, baut sich das Hörnle in den wolkenlosen Himmel auf. So kann ich vom Moos in die Berge hinaufträumen und habe beides: Berg und Moos.

Die überreichliche Brotzeit tut jetzt ihre Wirkung: Ich werde ganz schläfrig, immer wieder fallen mir die Augen zu – und plötzlich bin ich eingeschlafen. In meinen kurzen Traum hinein schreckt ein Reh. Wie ich vorsichtig den verschlafenen Kopf hebe, sehe ich nur noch einen roten Wischer direkt unter dem Hochsitz davonblitzen. O, ich Superjäger! Das ist ja wie auf einer Karikatur von Heinz Geilfus. Wenn ich das dem Friedl erzähle. Der setzt mich glatt auf Wasser und Brot! Das Reh schreckt jetzt nochmals. Wo steht es denn? Unweit von mir lässt es seinem Unmut freien Lauf. Durch die Zweige der Randbäume sehe ich es, aber nur den Spiegel, und der gehört zu einer Geiß. Lieber „großer Nimrod", da bist du knapp an der Blamage vorbeigeschrammt!

Von diesem Hochsitz habe ich vor zwei Jahren einen Bock mit gamsähnlich gekrümmten Spießen geschossen. Gleich nach meiner nachmittäglichen Ankunft, noch vor der Teestunde, wollte mir der Friedl eben noch schnell diesen Platz zeigen, wo ich abends ansitzen sollte. Ich hatte nur Glas und Büchse mitgenommen, nach dem Motto: Man weiß ja nie! Gerade hatten wir die Leiter erstiegen, da begann es unvermittelt kräftig zu regnen. Um nicht völlig durchnässt zu werden, wollten wir, die wir nur hemdsärmelig waren, rasch zurück zum Auto. Da erhob sich aus der Uneinsehbarkeit der Rinnen zwischen den Schroppen ein Rehbock. Ein kurzer Blick durchs Glas genügte. Der Bock passte. Es war nicht weit. Durch den herniederrauschenden, dichten Regenvorhang gellte der Schuss und bannte ihn auf den Fleck. Keine fünf Minuten hatte unser Ansitz gedauert. Aber nass sind wir geworden – nass wie zwei aus dem Wasser gezogene Mäuse.

Ein roter Fleck fällt mir auf. Jetzt bewegt er sich. Das Spektiv heraus – wieder eine Rehgeiß. Nach ein paar Minuten tut sie sich nieder und ist völlig verschwunden. Hier ist zwischen diesen Grasbuckeln immer ein kleiner Zwischenraum; der reicht, um ein niedergetanes Reh plötzlich unsichtbar werden zu lassen. Das Gehen ist da beschwerlich, man muss gut schauen, wohin man seinen Fuß setzt. Hier ein Reh zu bergen, ist noch recht einfach. Aber ein Stück Rotwild herauszuschleifen, dazu braucht man mehrere Helfer. Alleine ein solch schweres Wild hier herauszuziehen – unmöglich. Wenn man sich in den weichen Boden stemmt, versinkt der Fuß im sumpfigen Grund. Als Unterlage fürs erlegte Wild ist da eine reißfeste Plane sehr hilfreich, die Last gleitet so leichter über die Unebenheiten.

Die Sonne ist bereits im Westen hinter den Vorbergen versunken. Die Mücken werden immer lästiger, sirren mir um die Ohren und der Chor der Frösche steigert sich zum großen Abendauftritt. Jetzt fallen auch die Laubfrösche in das Konzert ein. Erst einzelne, zaghaft, wie anfragend. Doch dann schwillt hundertkehliger Gesang an, der bis in die Mitternachtsstunden dauern wird. Ein Kuckuck fliegt rufend am jenseitigen Waldrand entlang. Ist er seine Eier noch nicht los geworden? Hier gibt's noch zahlreiche Rohrsänger, denen er zu gerne was ins Nest legen würde.

Die Rehgeiß hat sich erhoben und als sie sich halbspitz von hinten zeigt – sie kratzt sich mit dem Hinterlauf am Träger –, sehe ich, es ist eine Schmalgeiß. Wählerisch äsend, kommt sie mir immer näher. Brandrot und gesund schaut sie aus. Nichts für die Kugel. Gegenüber, wo am Waldrand eine Kanzel steht, ist jetzt noch ein Reh aus dem Wald geschlüpft. Das Spektiv zeigt mir einen Bock. Kurze Sechserenden, auch er brandrot, nach der Figur ein Zweijähriger oder gar ein Jahrling. Langsam zieht er weiter heraus, auf mich zu. Hinter mir sind mit Geschnatter Stockenten in einem der Weiher eingefallen. Sofort schweigen die großen, grünen Teichfrösche. Die Laubfrösche lassen sich nicht stören. Bei ihrem auf- und abschwellenden Gesang scheint die Luft zu vibrieren.

Immer dunkler ist es nun geworden, die Farben verblassen, es wird schwer, ein Reh zu finden, wenn man nach Rotem ausschaut. Von der Wiese hinter mir erklingt müd' der Grillenschliff. Ein Reiher rudert mit rauem Schrei dem Schlafbaum zu. Fern in der Weite des Mooses steigt der Nebel empor. Die Düfte der Nacht sind bitter, und das Moor riecht herb. Eine kleine Weile will ich noch bleiben; zu schön sind diese letzten Minuten. Da zeigt sich im verlöschenden Abendschimmer drüben bei den Moorbirken ein Stück Rotwild. Es ist nur einen Büchsenschuss weit bis dort hinüber, aber es ist schon zu finster geworden, um sicher ansprechen zu können.

Im Vorjahr, es lag schon eine leichte Schneedecke, kam mir fast an der gleichen Stelle im schwindenden Büchsenlicht ein Schmaltier. Ruhig brach der wohlgezielte Schuss. Nach kurzem Verhoffen zog das Stück wieder zurück in den deckenden Einstand. Fehlschuss? Unmöglich!? Was war da passiert? Bei einbrechender Nacht wollte ich nicht mehr zum Anschuss gehen, denn wer weiß, wo die Kugel saß. Am Morgen ging ich dann nachschauen. Kein Pirschzeichen war bei der im Schnee gut sichtbaren Fährte zu finden. Ich blickte dann vom „Anschuss" zum Hochstand zurück und fand schnell des Rätsels Lösung: eine kleine Birke, deren leere Zweige in der Dämmerung nicht mehr zu sehen waren, stand dem Flug meiner Kugel im Wege. Sogar den abgeschossenen Zweig habe ich gefunden. Der kleine Baum stand jedoch so weit vor dem Ziel, dass das abgelenkte Geschoß weiß der Teufel wohin gegangen ist. Besser so, als das Stück anzuschweißen.

Es ist Nacht geworden, über den Kamm des Estergebirges steigt kalt der Mond herauf. Ich packe meine Siebensachen zusammen und schleiche mich davon, über den Bach, am Froschweiher vorbei. Die Lurche lassen sich jetzt nicht mehr stören, der Gesang begleitet mich bis zum weit in den Wiesen abgestellten Wagen.

Als der junge Morgen im verblassenden Sternenschimmer heraufdämmert, ziehe ich wieder los zu meiner Erlenleiter. Doch als ich von oben ins Moos hinunterschaue – au weh! – eine dicke Nebelschicht liegt über dem Boden. Nur die Rücken der Köchel ragen darüber hinaus. Optimistisch packe ich es trotzdem an, der Nebel wird sich schon auflösen.

Ganz still ist es heut' in der Früh', die Frösche sind verstummt und ich schleiche durch das bleiche Nebelmeer zu meinem Hochsitz. Ganz flach breitet sich der weiße Schleier übers Moos. Im ersten Büchsenlicht zieht ein Rudel Feisthirsche vom Wald ins Schilf hinaus. Nur die Häupter mit den samtigen Geweihen scheinen wie durch ein dunstiges Meer zu fließen. Als Letzter folgt ein starker Hirsch, Friedls Stolz, der Sechzehnender. Ich erkenne ihn gleich wieder vom Vortag, als wir von der Höhe herab die Heimlichen in ihrem Einstand mitten im Moos mit dem Spektiv beobachteten. Der Brodem lagert immer noch zäh und dicht über dem Boden. Gestern war es warm und dämpfig – kein Wunder. Erst als die Sonne schon weit emporgestiegen ist, lösen sich die letzten Schleier auf. Es ist nun spät geworden, zu spät für die Rehe, jetzt wird sich vorerst nichts mehr tun; sie werden sich wiederkäuend niedergetan haben.

Für's Heimgehen ist es zu früh. Ich will mich noch nach dem anderen Bock umschauen, der jenseits des vor mir liegenden Köchels seine Fährte ziehen soll. Es soll sich um einen alten, mordsmäßig hohen Spießer handeln; so einer reizt mich besonders.

Den verschwiegenen Weg zur Kanzel kenne ich schon von den Jahren zuvor. Am Fuße des bewaldeten Abhangs steht sie vor einer weiträumigen, von Weiden und Latschen umrahmten Blöße. Im letzten Jahr hatte der Friedl mir hier einen Bock zugedacht. Es war in der Blattzeit, und schon beim ersten Ansitz sah ich ihn. Zu weit für eine sichere Kugel trieb er seine Geiß. Das Kitz wollte sich nicht von seiner Mama trennen und machte alle Schleifen und Volten der beiden Hochzeiter mit.

Der schwarzstangige, schon zurückgesetzte, aber immer noch begehrenswert starke Sechser machte es mir nicht leicht. Fast eine Woche, morgens mittags und abends passte ich auf ihn. Stets war er um die Wege, doch entweder zu weit, oder er wischte nur sekundenkurz hinter seiner Geiß über die Blöße. Bis ich es dann eines Tages wieder in der Mittagsstunde versuchte. Da tauchte das Trio ein wenig brunftmüde am Saum der angrenzenden Latschen auf. Sattrot stand der Bock vor den dunkelgrünen Zundern. Als der Schuss brach, versank er, ohne noch einen Schritt zu tun, erloschen im Riedgras. Nur die blonde Bauchseite schimmerte noch durch die hohen Gräser.

Die Geiß sprang nicht ab. Sie bewindete den gefällten Genossen und stupfte ihn auffordernd mit dem Windfang. Dann, als hätte sie erkannt, dass er nie mehr aufstehen würde, umschritt sie schreckend den Reglosen. Nach einiger Zeit stakste sie steifläufig mit gesträubtem Spiegel fort in die Buschwildnis. Ihr anklagendes Schmälen war noch eine Zeitlang zu hören.

Ich gesteh's, hätt' ich ihn wieder lebendig machen können – ich hätt's liebend gern getan. Doch solch ein Erlebnis muss ein Jäger neben Freude und Jagdlust auch ertragen können, es darf nur nicht spurlos an ihm vorübergehen. Es ermahnt uns, nie zu vergessen, was wir letztendlich unseren Mitgeschöpfen antun.

Jetzt, in der späten Vormittagsstunde, ist die Bühne leer. Auch hier blüht überall die Sibirische Iris. Da der Wetterbericht für den Nachmittag Gewitter angesagt hat, will ich noch mal zurück ins Moos, um von den Wunderblumen ein paar Fotos zu machen. Wer weiß, wie morgen das Wetter sein wird.

Am Abend bin ich wieder hier. Am Fuße der Leiter liegt zusammengeringelt eine pechschwarze Kreuzotter. Meine bewundernden Blicke hält sie nicht lange aus. Mit unübertroffener Eleganz „fließt" sie fort in die Deckung von Busch und Kraut. In der Ferne rumpeln und grummeln schon die Donner. Vielleicht zieht das Unwetter anderwärts vorbei. Gegen den Regen hat ja meine Kanzel ein Dach. Die Bremsen und Mücken sind wie toll nach meinem Blut. Stechend fein sirren die Schnaken an meinem Ohr. Nach einer knappen halben Stunde rauschen erste Böen herein und es beginnt kräftig zu schütten. Gegen das Hörnle hin zucken schon die ersten Blitze hernieder. Bis der Donnergroll zu mir dringt, vergehen nur wenige Sekunden. Der Abstand von flammendem Blitz zum Donnerschlag wird immer kürzer. Das wird mir nun wahrlich zu ungemütlich; ich raffe meine Sachen zusammen und schaue, dass ich schnellstens zum Auto komme. Vom Himmel stürzt kalt prasselnde Regenwucht.

Der Friedl, den ebenfalls das Wetter von seinem Ansitz heimgetrieben hat, ist einerseits erleichtert, dass ich mich nicht der Gefahr des Blitzschlags ausgesetzt habe, jedoch auf den heutigen Abend, so vor dem Gewitter, hatte er wie auch ich große Hoffnungen gesetzt. Wir machen das Beste aus dem „angebrochenen Nachmittag" und lassen es uns gut gehen mit all dem, was Küche und Keller zu bieten haben. Dazu spinnen wir unser „grünes Garn" um Rehböcke, Hirsche, Gams und Füchse. Es ist schon reichlich spät, bis ich ins Bett finde, und der eintönig rauschende Regen trommelt dazu die Einschlafmelodie.

Am frühen Morgen, als mich der böse Wecker aus der kurzen Nachtruhe hochschreckt, plätschert es draußen immer noch lustig fort und die Wasser gurgeln und gluckern in der Dachrinne. Da heißt's in der trockenen Sasse bleiben; bald kann ich ja wiederkommen.

Noch beim Einschlafen denke ich an den alten Jäger im Lungau, der nur den Kopf schüttelte, wenn ich beim groben Wetter allein zum Gamsjagern ging: „Bua," sagte er, „aans muasst dir merken – 's Jagern muass oiwei lustig sei!"

Bergsommer

Nicht nur während der Jagdzeit war das Allgäuer Bergrevier unsere Zuflucht und Erholung. Nach zwei Stunden Fahrt konnten wir eintauchen in eine andere Welt. Mittelpunkt war unsere „Hütt'n". Mit eigenem Eingang war sie ein für sich abgeschlossener Bestandteil des großen Jagdhauses. Dieses ehemalige Bauernhaus gehört zu den sechs Häusern des Weilers Birgsau. Unsere Hütt'n hatte im Erdgeschoß neben einer großen Diele eine holzgetäfelte Wohnstube mit einer abgeteilten kleinen Küche. Im ersten Stock gab's zwei gemütliche, ebenfalls holzgetäfelte Schlafzimmer und ein auf zwei Seiten durch große Fenster lichtdurchflutetes „Salettl". Darin stand ein riesiges, altes Über-Eck-Sofa, unser „Flack"; so recht einladend, einen verregneten Tag lesend zu verbringen. Im Keller gab's für verfrorene Seelen eine Sauna mit allen möglichen Wasserpritschlereien.

Waren wir angekommen und hatten ausgepackt, ging's erst einmal „ums Rädle", was im Allgäu heißt: Eine kleine Runde ums Haus machen. Nämlich gleich hinüber über die Stillach zum Finkenberg. Beim Alphirten vorbeigeschaut, auf ein Glas Milch oder ein Bier mit den dazugehörigen Neuigkeiten. Dann folgte der entspannende Gang oberhalb des zu Tal tosenden Bergbaches. Die bunten Wiesen mit weithin leuchtendem Stengellosen Enzian und zartrosa Mehlprimeln im Angesicht der schneebedeckten Gipfel in der Runde ließen einem das Herz weit werden. Da konnten sich die Hunde erst einmal austoben, und wir begannen mit dem Spinnen von allerlei Plänen. Zurückgekehrt zum Jagdhaus, wartete bereits der Steirische Rauhaar-Freund Grolli auf seine Silva, unsere junge

Schweißhündin, und die zwei Halbstarken machten noch einen Zug um die Häuser.

In jenem Jahr fiel Pfingsten in den Mai, seinerzeit herrschte im Gebirg noch Schonzeit fürs Rehwild, und wir waren unbewaffnet gekommen. Am Abend jedoch frischte eisiger Wind auf und wir igelten uns bald gemütlich in unserer Hütte ein.

Am nächsten Morgen rieben wir uns verwundert die Augen: Alles war tief verschneit. Schneebeladen ließen die Laubbäume traurig die Zweige mit dem jungen Grün hängen. Eine Bachstelze trippelte ganz verloren vor dem Haus, wo der Schnee im Windschatten nicht gar so hoch lag. Verzweifelt pickte sie an den spärlichen Resten an der Hundeschüssel. Adventsstimmung. So blieb es eine ganze Woche, und wir schrieben schon den 20. Mai. So blieb das Wetter noch einige Tage.

Am Abend standen zwölf Hirsche vor dem Haus und taten sich an den Rosen und am Schnittlauch gütlich. Hinterm Haus, wo der gut gedüngte Rasen unterm Schnee lag, suchten acht Stück Kahlwild nach Äsung.

Endlich aber hatte der Winter verloren und mit warmem Atem fauchte der Föhn durchs Tal. Am Abend war der Schnee rötlich überhaucht durch den Sand der Sahara, den es bis hierher getragen hatte. Schnell hatten Sonne und Wind den Schnee dahinschmelzen lassen. So ist das Wetter im Berg. Es kann jeden Monat einmal weiß werden. Die Berge kümmern sich nicht um Monatsnamen. Ich erinnere mich an einen 30. August, als nach einer hochsommerlichen Woche die Berge am Morgen ab oberhalb 1.200 m weiß erstrahlten. Am Abend schneite es sogar das Tal zu.

Der Jäger Bernhard kam und fragte, ob ich nicht in den Kulturflächen vorne beim Anatswald ein paar Rehe schießen wolle. Da in jenem Jahr auch hier die Schusszeit vorverlegt worden war, wovon ich nichts mitbekommen und deshalb meine Kipplaufbüchse daheim gelassen hatte, war ich auf die Leihwaffe angewiesen. Es machte mir wenig Freude, mit dem ungewohnten Repetierer, noch dazu mit einem für Rehwild recht brutalen Kaliber, zu jagen. Ich legte zwei geringe Böcke und ein Schmalreh auf die katzengraue Decke. Es waren Todesfälle, derer ich mich nicht rühmen müsste. Ich sah ein, dass diese Jagd notwendig war, auch wenn das „Abschuss-Tätigen" für mich zu der weniger bevorzugten Art des Waidwerkens gehört. Doch in dieser Ecke gab's entschieden zuviel Rehe. Anders war's weiter hinten im Revier, wo eine sogenannte Sanierungsfläche hemmungslosen Abschuss jedweden Wildes gestattete. Da hatte ich später im Jahr einen Gamsjahrling vor mir, der vor lauter Lebensfreude ganz närrisch war. Er sprang auf einen Baumstumpf, der in etwa anderthalb Meter Höhe glatt abgeschnitten war. Dort oben hupfte er mit allen Vieren in die Höhe, schnellte hinunter und wieder ging's aus dem Stand hinauf auf den Stock. Wie eine zirkusreife Nummer. Den lebensfrohen Jüngling da herunterzuputzen, das brachte ich nicht fertig. Seit Jahren hat sich mehr und mehr die Stimmung gegenüber dem Wild zu dessen Ungunsten verändert. Das Motto: „Zahl vor Wahl" klingt nach in Tinte getauchten Forstleuten. Das findet sicher Berechtigung in überhegten Revieren, wovon man im Allgäu gewiss nicht reden kann. Gott sei Dank war und ist das für mich keine Verpflichtung, die bedenkenlos und ungeprüft erfüllt werden muss. Ich will mich nicht jedem Zeitgeist beugen. Ich halte es da mit meinem Vorbild, Wolfgang von Beck, der einmal geschrieben hat: „Als Jäger will ich ein freier Mann sein, der wenigstens manchmal noch tun und lassen kann, was er mag, und vor allem so handeln, wie ihm gerade zumute ist. Wer das nicht kennt und nicht erfühlt, der wird es nie erjagen!"

In diesem Zusammenhang erinnere ich mich an einen Ansitz im Herbst. Es war mitten im Auer- und Birkwildgebiet, wo ich sonst jeden Fuchs erlegte, den ich dort antraf. Da tauchte aus der Überriegelung vor meinem Ansitzplatz in den früchteschweren Heidelbeerkräutern ein prachtvoller Fuchsrüde auf. Auf nächste Entfernung konnte ich zuschauen, wie er mit seinem spitzen Fang genießerisch Beere für Beere in sich hinein zupfte. Ganz versunken in die Ernte der köstlichen, blauen Waldfrüchte, ahnte er nicht die Nähe seines Todfeindes. Jetzt dem Leben des Roten ein Ende zu setzen, das habe ich nicht fertig gebracht. Es ist bei mir ohnedies immer ein kritischer Punkt, wenn das Wild aus seiner Namenlosigkeit durch besondere Umstände zur Persönlichkeit wird. Und dann will ich so handeln, wie es mir mein Gefühl eingibt. Das ist, wie oben bereits gesagt, ein Teil der Freiheit.

Nun aber zurück in das vom Eise befreite Tal. Die Pfingstwoche verging mit dem notwendigen Rehabschuss, und wir kehrten erst am 17. Juni wieder ins Allgäu zurück.

Und abermals empfing uns Adventsstimmung. Es war wie verhext in jenem Jahr.

Die Rehe ließen sich nicht blicken, und zum Schneewaten hatte ich nach dem langen Winter einfach keine Lust mehr. Die Erholung liegt ja zum Glück nicht im Schießen. Nachdem auch diese letzte Rückkehr des Winters überwunden war, widmete ich mich ganz der Ausbildung meines jungen Schweißhundes.

Vorsorglich hatte ich im Herbst Rotwildschweiß mit den dazugehörigen Schalen und einem Stück Lauf eingefroren. Am Finkenberg konnte ich nun mit den Fährtenschuhen Fährten aller Schwierigkeitsgrade treten. Einen zusätzlichen kleinen Anreiz boten in den Streckenverlauf gelegte Leberstückchen. Doch als wir am nächsten Tag die Suche machten, war der Fuchs schon die Strecke ausgegangen und hatte sich die Belohnungen geholt. Das Stück Hinterlauf am Endpunkt war vorsorglich mit Draht befestigt, das konnte der rote Schleicher nicht auch noch klauen.

Bei unserem nächsten Besuch empfing uns die ganze Glorie des Sommers. Der gesamte Schnee war bis auf die Reste in Runsen und Spalten auf den Gipfeln dahingeschmolzen. Das Thermometer zeigte 28°, was für das hochgelegene Tal äußerst ungewöhnlich war.

Am Morgen des 8. Juli weckte uns Johlen und Kuhglockengeläut: Alp-Auftrieb. Erwartungsfroh zockelten die Rinder in langer Reihe, an die tausend Stück, talein auf die Hochleger Alpen. Immer neue Trupps kamen, begleitet von den Hirten in ihren kurzen Lederhosen. Ihre handgestrickten „Kittel" über die Schultern geworfen, schritten sie dahin, die Köpfe vorgestreckt, das Kinn erhoben, voller Vorfreude den Bergen zugewandt.

Am nächsten Tag, als ich mich noch im Dämmern zum Ansitz aufmachen wollte, fuhr „pfludriger", unsteter Wind ums Haus. Der Rauch vom Kamin des nahen Gasthauses wurde mal in diese und dann in jene Richtung verweht. Das konnte nichts Gutes bedeuten. Ich änderte meinen Plan und stieg hinauf zum 2.200 m hohen Griesgundkopf. Dort hatte ich im Juni von fern einen abnormen Rehbock zufällig mit dem Spektiv entdeckt. Ich vermutete ihn in einem der Latschenfelder und hoffte, dass mir der Wind dort oben nicht allzuviel verderben könnte. Hinauf geht's da über den sogenannten „Kniebrecher", ein gemein steiles Stück. Wenn schon die Allgäuer, die ja am liebsten alles in der „Direttissima" ersteigen, dem Steig solch einen Namen geben, sagt das schon Einiges. An einigen Stellen muss man regelrecht „die Knie unters Kinn nehmen". Ich wollte weit hinauf, bis zu den Latschenfeldern, die sich unter den Gipfelwänden hinbreiten. Lange brauchten Herr und Hund nicht auszuharren. Wie auf Bestellung erschien der Gesuchte auf einer Freifläche zwischen den Latschenbeeten. Als er zurückäugend verhoffte, fasste ihn meine Kugel und er walgte, sich immer wieder überschlagend, fast bis zu uns herab. Im Augenwinkel erhaschte ich eine Bewegung, dort, wo er hergekommen war. Wie ein rotes Schemen tauchte kurz ein starkes Reh auf. Bock, starker Bock! Doppelt luserhoch prahlte seine gezackte Krone. Breiter Träger, gedrungene Figur, soviel konnte mein Blick noch einfangen, bevor er eilig umschlagend in den Zundern untertauchte. Jetzt wurde mir klar, warum der Abnorme sich so schnell hatte blicken lassen. Der Starke hatte ihn in Schwung gebracht und hinausgeteufelt. Den wollte ich mir gerne genauer anschauen. Dazu blieb aber diesmal

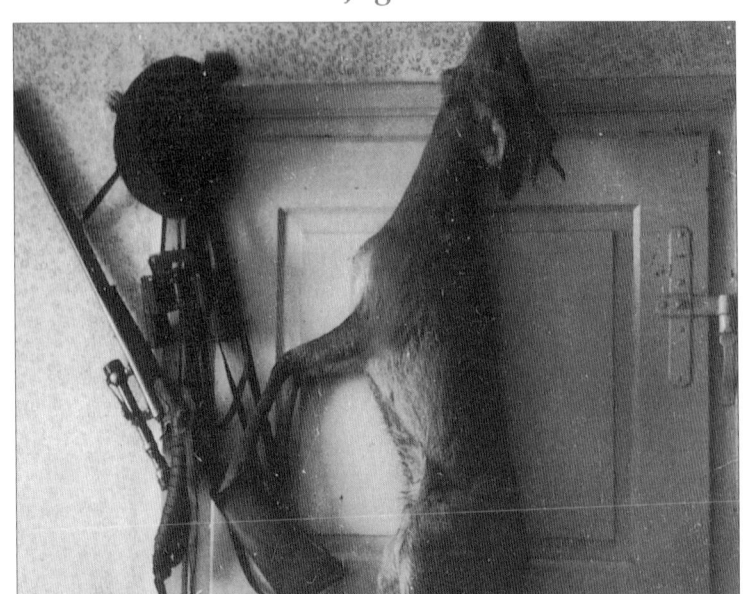

Der Bock an der Stubentüre (...das Untier)

Die Gastwirtschaft in Böhmfeld

Der 1. Bock im neuen Revier

keine Zeit mehr. Über den Kamm von Hammerspitze und Griesgundkopf stürzten vom einen Augenblick zum nächsten sturmgetrieben wasserschwere Wolken herüber. Der Wind blies eiskalt und feucht herab, das Unwetter war plötzlich da. Im Berg geht das schnell, eben noch ist der Himmel blitzblau, doch dann kommt über die Grate das Gewitter.

In aller Eile brach ich den Bock auf, konnte mich gar nicht lange an seiner seltsam korkzieherartig verdrehten, kleinen Krone erfreuen, brach ihm und mir einen Latschenbruch und warf mir den Abnormen über den Rucksack auf den Buckel. Schon erreichten uns klatschend die ersten kalten Regentropfen. Den umgehängten Lodenkotzen blies der Gewitterwind wie ein Segel vor mir her. Bald wurde er bleischwer von den tropischen Regengüssen und schlappte kalt um meine blanken Knie. Die schwarzen Behänge meiner Hündin trieften vom Wasser. Ihr machte der Regen nie viel aus, wenn's nur zum Jagern ging. Als wir den „Kniebrecher" erreichten, zuckten mit schmetterndem Schlag die ersten grellweißen Blitze um uns her. Weit und breit nichts zum Unterstellen. Zurück zum Griesgund, wo eine liebe, kleine Jagdhütte steht, das war sinnlos. Der Jagdleiter Sepp hatte eigenmächtig, wie er nun einmal war, ohne seine Mitpächter zu fragen, die Hütte einem seiner Spezln verpachtet. Recht schnell bergab springen, das ging bei dem steilen Weg auch nicht so recht, denn der Bock, auch wenn er nur 16 kg wog, schob und druckte gehörig. Ganz in der Nähe schlug jetzt bläulich blendend, mit ohrenbetäubendem Krach ein Blitz in eine Überhälter Weißtanne ein, dass die Späne nur so flogen. Schwefelgeruch. Ich wurde vom Jäger zum Gejagten. Mir wurde es nun ungemütlich mit meiner Büchse auf der Schulter. Metall, so heißt es, zieht den Blitz an. Und nirgends eine Möglichkeit, der Bedrohung des Blitzschlags zu entkommen. „Legen Sie sich flach hin!" hatte ich einmal gelesen. „Lieber ahnungsloser Ratgeber, bitte wie und wo soll das hier auf dem nur fußbreiten, steilen Pfad möglich sein?" Rechter Hand die felsige Schulter des Berges, auf der linken Seite schroffer Absturz. Kein Entkommen. Also nichts wie weiter, so schnell wie möglich und nicht stehengeblieben. Ineinander flammende Blitze jagten mich zu Tal.

Endlich heil drunten angekommen war ich nass zum Auswinden. Als ich über die Stillachbrücke schritt, schäumte der Fluss schon kakaobraun und kleine entwurzelte Bäume fuhren eilgeschwind mit den tosenden Wassern dahin. Ich freute mich schon auf einen entspannenden Saunagang. Aber da wurde nichts draus. Nachdem ich den Bock in der Wildkammer versorgt hatte, überraschte mich meine Frau mit der „frohen" Nachricht, dass der Strom ausgefallen sei. Das schwere Gewitter hatte irgendwo einen Kurzschluss ausgelöst. Doch es gibt ja zum Glück trockene Kleidung und ein knackendes Herdfeuer. Die tropfnasse Hündin wurde abfrottiert, was ihr außerordentlich gut gefiel.

Der starke Rehbock von da droben ging mir nun nicht mehr aus dem Sinn. Das Rehwild hatte in diesem Hochwildrevier eine recht nebensächliche Bedeutung. In erster Linie ging's um Hirsch und Gams. Wenn dann noch ein Rehbock so nebenbei erlegt werden konnte, nahm man ihn halt mit. Mir jedoch bedeutet von je her ein Bergrehbock ein reizvolles Waidwerk, auf das ich nicht gerne verzichtet hätte.

Am 30. Juli waren wir wieder im Tal. Wir saßen beim Frühstück vor dem Jagdhaus und schauten in den Berghang oberhalb des kleinen Dorfes. Dort war der streng gehütete Einstand der Feisthirsche. Knapp 200 m über dem Talgrund sah man die Hirsche mit ihren samtigen Geweihen auf den quellig saftigen Blößen ihre heimlichen Fährten ziehen. Dieser Teil des Reviers war ganzjährige Tabuzone, höchstens im späten Herbst, wenn sich die Hirsche längst verzogen hatten, durfte ein Schuss auf Gams oder Kahlwild fallen. Statt bei der Tageszeitung saßen wir am Spektiv und konnten uns nie satt sehen, wie friedvoll die starken mit den geringen Hirschen ästen oder wiederkäuend nebeneinander ruhten. Sobald die älteren Hirsche verschlagen hatten, waren sie nicht mehr dabei. Dann

Bergrehböcke

Mein Revier im großen Wald

„Im großen Wald –
Blick auf den Grünten"

Cita mit dem Bock von der Knerzen

Der von den Kühen bewachte Bock

verlegten sie ihre heimlichen Einstände in einsame Plätze des großen Reviers.

Für den 1. August hatte ich mir einen Pirschgang hinauf zum Griesgund vorgenommen. Vielleicht konnte man es mit dem Blatten probieren. Mit Bergwanderern gab's am Morgen in diesem Revierteil noch keine Probleme. Die wählten ungern den Kniebrecher zum Aufstieg. Weiter hinten im Tal bei der Schwarzhütte zickzackte ein komfortabler Steig hinauf zur Mindelheimer Hütte und den Kletterpfaden. Den vermied man als Jäger besser während der Wandersaison. Manche der Bergsteiger nahmen dann als Rückweg den Steig in halber Höhe über den Guggersee, um dann absteigend den Kniebrecher zu wählen. Doch dann war es Nachmittag. Bis dahin konnte ich hoffen, allein im Berg zu sein. Unterhalb des Latschenfeldes angekommen, wo ich zuletzt den Starken erschaut hatte, probierte ich ein paar Strophen mit dem Blatt. Gerne nehme ich dafür, wenn ich kein Buchenlaub finde, das lanzettförmige Blatt des Schwalbenwurzenzians. Ich finde, dass es einen natürlich weichen Ton hervorbringt. Doch so schmeichelnd und verlockend konnten hier die Töne gar nicht sein. Nichts rührte sich. Nach einer Stunde brach ich ab und zog mit meinem Hund weiter auf dem Steig in Richtung Guggersee. Bevor's eine letzte Steigung hinaufgeht, liegt der Scheidbichl. Hier bieten sich überall reichliche Einstände in Latschen- und Weißerlenfeldern, den Laublatschen. Wir ließen uns viel Zeit. Der Wind zog stetig bergauf, und wir saßen gut gedeckt.

Nach geraumer Zeit holte ich meine Musik hinter dem Hutband hervor und probierte ein paar anfragende Strophen. Die Kipplaufbüchse lag auf den Knien, alle Sinne gespannt. Doch unterhalb unseres Platzes herrschte hochsommerliche Stille. Da, plötzlich, ein kurzer, mürrischer Schrecklaut ober uns – von dort hatte ich nichts erwartet –, riss mich herum. Wie eine rote Flamme huschte der Starke über eine Gasse zwischen den Latschen. Mein Gott, welch ein Bock, welch ein Gehörn! Mir kam Cramer-Kletts „Traum auf grünem Grund" blitzartig in den Sinn. Schon war die Erscheinung im grünen Krummholz untergetaucht. Viel konnte er von mir noch nicht mitbekommen haben. Vielleicht eine kleine Prise Wind, der beständig aufwärts zog? Abwarten! Die Büchse hielt ich eingestochen, am Bergstecken angestrichen, bereit. Jetzt sollte ich eine Hand frei haben, um noch einmal zu blatten! Da wäre so ein Gummigerät oder solch ein „Pustefix" schon praktisch. Doch nur Geduld! Meine Linke, die den Büchslauf mit dem Bergstock umfasste, wollte schon lahm werden, da schob sich oberhalb der Latschen der Bock aus der Deckung, um sich leise bergauf davonzustehlen. Schräg von hinten hielt ich auf die letzte Rippe. Ein Hauch von Druck auf das fein gestellte Züngl und der Schuss warf ihn zusammen. Rollend fuhr das Echo über die Felswände. Ich musste mich beherrschen, um nicht im Überschwang des Jubels hinaufzustürmen.

Nach einer Viertelstunde, länger hielt ich es nicht aus, stieg ich hinauf. Der Hund blieb bei Rucksack und Büchse. Hingesunken am Anschuss lag der Bock erloschen da. Glücklich hob ich sein Haupt aus dem Lahnergras. Ein rechter Bergbock. Hoch und geperlt bis in die blankgefegten Spitzen prahlte seine Krone. Die Stangen waren nicht übermäßig stark, wie es bei uns im Berg halt so ist. Ich war wunschlos glücklich. Nach der Roten Arbeit zog ich ihn zu unserem Platz hinunter und hing ihn zum Ausschweißen an einen kleinen Vogelbeerbaum. Ein Latschenbruch zierte den schweißigen Äser. So hatte ich ihn in Anblick, während ich aus dem Rucksack Tiroler Speck, einen Kanten Brot und eine kleine Flasche Rotwein hervorzauberte. Auch der Hund ging nicht leer aus. Das war eine besondere Feierstunde. Allein hoch über dem Tal mit Hund und Büchse zu sitzen, das wäre auch ohne Beute zum Genießen Grund genug.

Heimzu wählte ich mir einen bequemeren, wenn auch weiteren Weg. Von meinem Platz aus führt ein links und rechts von Felswänden begrenzter, etwa 60 m breiter Lahner in der Länge von 400 m zu einer breiten Schlagfläche hinunter, der

Blick zur Trettach und Mädelegabel

Sommergams

Mittagsrast

Moos

Das Murnauer Moos

„Brünst". Dort unten war auch einer meiner Lieblingsplätze. Ein überdachter Bodensitz, von dem aus man den Schlag mit seiner Ausdehnung von 200 m im Geviert und den Lahner, von dem wir nun herabstiegen, überschauen kann. Tagelang konnte ich da sitzen, immer gab es was zu schauen. Gerne stand dort auch das Kahlwild und zog während der Brunft die Hirsche herbei. Weiter oben, von wo wir jetzt herkamen, waren immer Gams in den begrenzenden Felswänden. Im Jahr zuvor hatte ich dort einmal einen alten, sehr guten Gamsbock gesehen. Doch es blieb bei dem einen Mal. Weder in der Feiste noch in der Brunft ließ er sich nochmals blicken. Ein Wiedersehen musste ich dem Zufall überlassen. Diese Felswände, die sich wie breite Rippen bergab ziehen, enden jenseits in tiefen, schattigen und kühlen Gräben. Der ideale Sommereinstand für einen alten, einschichtigen Gamsbock.

Ich band die vier Läufe des Rehbocks zusammen, steckte den Bergstock dazwischen und schulterte meine Beute. Mit vorsichtigen Schritten, nagelschuhbewehrt, ging's abwärts über den steilen Lahner. Bevor dieser in den Schlag der Brünst mündet, bedecken breite Streifen von Latschen den Fuß der Felswände. Dort, wo deren Bewuchs nicht allzu hoch war, sah ich den fahlgelben Rücken eines Gams. Von einem Felsbrocken gedeckt ließ ich mich nieder und holte das Spektiv aus dem Rucksack. Als der Gams sichernd sein Haupt erhob, traf es mich wie ein elektrischer Schlag. Das war der Alte! Sein Haupt war greisenhaft knochig, die Zügel total verwaschen. Aber die Krucken! Hoch und weit geschwungen und in der Basis gut daumenstark. Es reichte zum Anstieg der Pulsfrequenz auf 120. Eine Todsünde wert! Dass er bei dieser hochsommerlichen Wärme nicht in seinem schattigen Graben ruhte, das war ein unerwarteter Glücksfall.

Bis da hinunter war's zwar nur einen guten Büchsenschuss weit, aber von meinem Platz aus war er ständig von Zweigen verdeckt. Ich musste näher heran. Also wieder Hund abgelegt, dazu Rehbock und Rucksack. Ganz an die diesseitige Berglehne geschmiegt, rutschte ich auf dem ledernen Hosenboden vorsichtig zu Tal. Immer wieder musste ich warten, bis sich das Haupt des argwöhnisch sichernden Gamsbocks äsend gesenkt hatte. So kam ich glücklich fast auf gleiche Höhe mit dem begehrten Wild. Leider tauchte auch hier nicht mehr als die Rückenlinie und hin und wieder der Träger aus den deckenden Latschen. Was musste da wohl für eine besondere Äsung sein, die ihn so lange festhielt? Meine Geduld wurde auf eine arge Probe gestellt. „Probier einen Trägerschuss!", raunte mir der Versucher ins Ohr. Doch diese Kunstschüsse ohne Not sind nicht nach meinem Geschmack. Ich hoffte inständig, dass er sich nicht auch noch wiederkäuend niedertun würde, denn dann konnte es leicht Abend werden. Dieser Bock war alle Zeit der Welt wert, ich wollte ausharren, bis meine Gelegenheit gekommen war. Die Büchse lag mit guter Auflage auf dem Felsbrocken vor mir bereit. Und plötzlich, ich hatte kurz nach oben zum Hund geblickt, war der Gams verschwunden. Teufel aber auch! Wo war er hin? Doch so groß war das Latschenfeld nicht, er konnte mir gar nicht auskommen. Da erschien er auch schon am Rande des grünen Astgewirrs. Halt! Nein! Das war eine Gais. Jetzt hieß es aufpassen, damit nicht am Ende ein falsches Gams daliegt. Aber nach endlosen Minuten stand er plötzlich frei da, wie hingezaubert vor dem Hintergrund der dunkelgrünen Latschen, ein eckiger Kasten von Gams, der Träger greisenhaft dünn. Das Jagdfieber war nach der langen Warterei längst verebbt und ruhig brach der hinters Blatt gezielte Schuss.

Verdammt! Gefehlt! In rasender Flucht stürmte der Bock über den Lahner, auf die Gegenseite zu. Doch nach einer Strecke von fünfzig Metern versagten ihm die Läufe und er überschlug sich, blieb liegen und tat keinen Rührer mehr. Ich atmete auf. Der Schuss saß genau da, wo ich ihn hinhaben wollte. Aber auf der Jagd gibt's nichts, was es nicht gibt. Diese unerwartete Reaktion auf die sonst so verlässlich schnell tötende Kugel der 243 hatte mir einen gehörigen Schrecken eingejagt.

Blaue Schönheiten

Friedl – ein Waidmann der Extraklasse

Abendlicht im Moos

Bergsommer

Beim Spekulieren

Der Tag der guten Böcke

Welch ein Waidmannsheil! Zwei Böcke, alt, reif und stark. Noch nie im Leben hatte ich zwei solch erlesene Stücke an einem Tag erlegt. Die Jahresringe, vierzehn an der Zahl, bestätigten das vermutete hohe Alter. Das war selbst hier, bei dem guten Gamsbestand eine Seltenheit. Meist rafft ein Nachwinter die abgebrunfteten, ganz alten Böcke mit seinen späten Schneemassen dahin.

Ich holte erst einmal Hund und Rehbock herbei, und dann war eine ganz besondere Feierstunde fällig. Die wollte ich nun nicht allein genießen. Den Gams zog ich hinter mir her bis zum unteren Rand der Brünst. Dort hing ich beide Böcke an eine Fichte und schaute, dass ich ins Jagdhaus kam.

Meine Frau saß in der Abendsonne auf der Terrasse und sah mir gleich an, dass etwas Besonderes vorgefallen sein musste. Die zwei verräterischen Latschenbrüche hatte ich vorsorglich vom Hut getan. Ich bat sie, nicht lange zu fragen, sondern mir zu folgen. Heimlich hatte ich eine Flasche Wein und zwei Becher mitgenommen und so fuhren wir mit dem Suzuki bis zum Einstieg zur Brünst.

Die Überraschung war gelungen. Die gemeinsame Freude war doppelte Freude. So eine besondere Strecke kommt auch wohl nur einmal im Leben vor. Bruchgeschmückt lagen die Beiden mit opalen umflorten Lichtern nebeneinander. Ihren Anblick genießend, konnte ich meiner Frau von der einmaligen Pirsch berichten.

Als das Funkeln des Weins im scheidenden Tageslicht in unseren Bechern erlosch, packten wir uns die seltene Beute auf den Buckel und, am Wagen angelangt, rollten wir zum Jagdhaus zurück.

Nachdem die Zwei in der kühlen Wildkammer versorgt waren, setzten wir uns mit einer ausgiebigen Brotzeit im Dämmern vor unsere Hütt'n und ließen das Erlebte noch einmal an uns vorüberziehen. Bald gesellte sich der Jäger Bernhard zu uns, der auch ein Stück Wild abgeliefert hatte, und dabei meine Böcke sah. Dass gerade ich den alten Gams erwischt hatte, freute ihn besonders, denn er wusste, dass jemand anderer, dem er ihn weniger vergönnt hätte, auch scharf auf ihn war. Es war dann, wie es dem Anlass gebührt, nicht nur eine Flasche des besonderen Weins, die wir in der warmen, sternklaren Nacht dieses unvergesslichen Bergsommers geleert haben.

Am nächsten Tag zog es mich immer wieder zur Wildkammer. Da hingen sie, meine beiden besonderen Böcke. Der eine brandrot, der andere fahlgelb mit seinem schwarzen Aalstrich auf dem Rücken. Beide mit einem altersgebleichten Grind, der den Ausdruck einer altersweisen Verachtung trug. Ich bedauerte, dass ich keinen Fotoapparat dabei hatte. Am nächsten Tag, als ihre Körper zum Wildhändler gebracht, und mir nur ihre abgeschärften Häupter verblieben waren, da machte ein Freund ein Foto von ihnen. Aber das war nicht das ganze Ausmaß ihres wunderbaren, unversehrten Anblicks. In meiner Erinnerung liegen sie noch immer bruchgeschmückt nebeneinander im schattigen Hochwald der Brünst.

* * *

Roland unser zweiter Berufsjäger, nahm mich, der ich nach diesem Erlebnis wunschlos zufrieden, nicht gleich wieder nach neuer Beute schauen wollte, auf einen ausgedehnten Reviergang mit. Dazu fuhr uns meine Frau fast bis ans etwa acht Kilometer entfernte Talende; soweit es halt ging. Wir wollten dann auf dem Höhensteig unterhalb der Gipfel auf dem östlichen Bergkamm wieder talaus pirschen. Auf diesem Gang wollte ich viele neue Gegebenheiten kennen lernen. Um wirklich alle Steige und bejagbaren Winkel des riesengroßen Reviers zu kennen, würde man ein halbes Leben brauchen. Sagt doch die von oben projizierte Fläche von 4.500 ha noch lange nichts über die tatsächliche Ausdehnung eines Hochgebirgsreviers aus. Die höchsten Berge im Revier, wie Trettach und Mädelegabel, reichen bis über 2.600 m hinauf.

Jetzt im Hochsommer waren alle Alphütten von Sennen und Hirten bewohnt. Bei einer kleinen Einkehr erfuhren wir so manches Wertvolle über Hirsch und Gams. Diese Menschen, die sich den ganzen Tag in der freien Natur aufhalten, sind auch an allem interessiert, was zusammen mit ihrem Vieh im Berg lebt.

Außer ungezählten Murmeln hatten wir bei dem strahlend schönen Augusttag wenig Anblick. Es war zu warm für die Gams. Um eine Felsnase biegend, bot sich uns ein nie gesehener Anblick. Auf dem schmalen Steig, rechts schroffe Felswand, links beinahe senkrechter Absturz in die Tiefe, lag faul hingebreitet etwa ein halbes Dutzend Steinböcke. Jetzt, dachte ich, werden sie gleich in panischer Flucht davonpreschen. Eher gelangweilt äugten sie uns an. Einer kratzte mit seinem mächtigen Gehörn seine Schlegel. Sie standen nicht einmal auf. „Eure sibirischen Verwandten", dachte ich „sind von ganz anderem Kaliber, die wären jetzt schon längst in einer Staubwolke dahingestoben." Diese Herren hier, seit Generationen unbejagt, hatten alle Scheu vor dem Menschen verloren. Aber wie kommen wir an ihnen vorbei? Der von ihnen belagerte Pfad war unsere einzigen Möglichkeit, weiterzukommen. Doch der Roland kannte das Spiel schon. Mit Händeklatschen und einem nachdrücklichen Steinwurf waren die Wegelagerer endlich bereit, sich zu erheben. Weiter vorn, wo die Felswand ein wenig zurücktritt, kletterten sie mit spielerisch elegantem Schwung den steilen Berg hoch, als hätten sie Saugnäpfe an den Schalen, was ja auch nicht so ganz falsch ist. Da war nicht nur mein junger Schweißhund sichtlich beeindruckt.

Als wir am Rappensee in 2.100 m Höhe Rast machten, konnten wir den Gamskitzen beim „Schlittenfahren" zuschauen. Ein kleines Schneefeld war im Schatten aufragender Felswände des Rappenkopfes übrig geblieben. Übermütig fuhren die Kitze mit steif ausgestreckten Vorderläufen und verrückt verdrehten Bocksprüngen das firnige Schneefeld hinab. Und gleich, wie im echten Skibetrieb, nichts wie wieder hinauf und erneut abgefahren. Die weisen Gamsmütter ruhten im Schatten und gaben acht, dass nicht der Adler den Frieden stört.

Bevor uns der Steig wieder steil hinab zur Talstraße führte, machten wir in der Linkers-Alp ausgiebig Brotzeit. In nächster Nähe hoppelten die an Menschen gewohnten Murmel über die Bergwiese. Mein Hund konnte sich nicht genug wundern, wenn er versuchte, sich solch einen Kobold näher anzuschauen und dieser dann vom Erdboden verschluckt wurde.

Dazu fällt mir eine köstliche Begebenheit ein, die sich ein Jahr später bei unserem Novemberurlaub auf Sylt ereignet hatte: Wir machten gerade einen großen Spaziergang am Meer entlang. Plötzlich robbte aus der etwa 50 m vom Wasser entfernten Düne ein junger Seehund eilig dem Meer zu. Unsere Silva hatte ihn schnell eingeholt und rannte, den sonderbaren Burschen bewindend, neben ihm her. Mit solch einem Tier wusste sie nichts anzufangen. Völlig ratlos stand sie dann am Meeressaum, als der Kerl in den Wellen verschwand und nicht mehr auftauchte. Sie dürfte mit Sicherheit der einzige Schweißhund sein, der jemals mit einem Seehund um die Wette gelaufen ist.

Ihr Interesse an den Murmeln erlahmte auch bald, das war nicht ihr Wild. Als wir aufbrechen wollten und ich den Geldbeutel zum Zahlen aus dem Rucksack holte, sagte die reizende Wirtstochter: „Dier zwei Berufsjäger sind fräi, dier brüchet nix zahle!" (Ihr zwei Berufsjäger seid frei, ihr braucht nichts zahlen.) Was doch ein abgewetztes Jagdg'wand ausmacht! Doch gegen ein gutes Trinkgeld hatte das brave Mädle nichts einzuwenden.

Beim Abstieg kam dem Roland in den Sinn, noch einen Abstecher zur „Hauswand" oberhalb der Breitengehrenalpe zu machen. Es war bereits später Nachmittag, die Schatten wurden schon länger. Vielleicht zeigte sich dort schon etwas. Unterhalb der Hauswand, einer glatten Felswand, stockt ein dichter Dschungel an Erlen, Buchstauden und Latschen. Drunterhalb erstreckt sich ein breiter Lahner mit verlockender Äsung. Der

Wind zog bereits abwärts; die Sonne war schon hinter den Schafalpköpfen der gegenüberliegenden Talseite versunken.

Wir saßen noch gar nicht lange, da zog ein Stuck mit Kalb zur Äsung aus dem deckenden Einstand. Kurz darauf ein Spießer, und ein Schmalstuck gesellte sich auch noch dazu. Ein Bild des Friedens. Bevor es Nacht wurde, verdrückten wir uns still. Nochmals zurückschauend, sahen wir, dass dort oben ein zweiter, stärkerer Hirsch herausgezogen war. Das Licht reichte gerade noch aus, um ihn anzusprechen: Ein Achter, schon verschlagen. Ein idealer IIb. Für heute war's schon zu finster geworden. Den wollten wir uns in den nächsten Tagen genauer anschauen.

Die darauf folgenden Abende unter der Hauswand vergingen ohne den erhofften Anblick. Das Wetter änderte sich, und Nebel hüllte das Tal bis weit hinauf in die Höhen ein. Der „kleine Nebenberuf" rief uns in die Pflicht, und zwei Wochen vergingen, bis wir wieder im Revier sein konnten.

Die Natur hatte nun den Zenit des Jahres überschritten. Die Berge zeigten schon den Anflug herbstlich goldener Färbung, und der Schwalbenwurzenzian blühte in leuchtendem Blau.

Der erste Abend sah den Berufsjäger und mich wieder in der Ausschau nach dem Achter. Erst im Verschwinden des Büchsenlichts zog er tatsächlich wieder zur Äsung auf den Lahner. Er war also noch da. Für einen sicheren Schuss langte das Licht nicht mehr und so beschlossen wir, am nächsten Morgen unser Glück zu versuchen.

Vor Tau und Tag saßen wir gut gedeckt an unserem Ansitzplatz hinter einem vor langer Zeit umgestürzten Baum. An den Bergspitzen auf der anderen Talseite kletterte das Sonnenlicht langsam herab. Es war voller Tag geworden. Schon als wir Sorge hatten, der Wind könnte bald umschlagen und in die Höhe ziehen, stand der Feisthirsch mit seinen nussbraunen Achterstangen am Rande des steilen Hanges. „Ja", nickte der Roland, „dean ka ba schiasse!" (den kann man schießen.) Wie ich es mir angewöhnt hatte, prägte ich mir kurz vor dem Schuss den Standplatz des Hirsches ein: genau oberhalb einer kleinen Fichte. Auf den Schuss hob es ihn vorn hoch, zwei, drei Fluchten schaffte er noch schräg bergab, dann rollte und walkte er in der seitlichen Steinrinne des Lahners herab.

Als ich an den Verendeten herantrat, rannen lackrot aus der Einschussseite mehrere Bahnen seines Schweißes. Was war da passiert? Es waren drei Einschüsse. Zum Anschuss hinaufgestiegen, wurde mir alles klar. An der kleinen Fichte, die ich vor dem Schuss unterhalb des Achters gesehen hatte, war der dünne Mitteltrieb abgeschossen. Den hatte ich übersehen, an dem hatte sich das Geschoß der 30/06 zerteilt. Zum Glück stand der Hirsch unmittelbar dahinter, sonst hätte es eine böse Nachsuche voller Rätsel gegeben.

Ich brach ihn auf und blieb dort oben zurück, während der Roland zum Auto abstieg, um die Mannschaft zusammenzutrommeln, die mit uns den Hirsch zu Tal liefern würde.

Die Sonne war um den Linkerskopf herumgewandert, und es wurde hier oben warm und an der Zeit, dass der Hirsch in den Schatten kam. Nach anderthalb Stunden waren die Helfer mit dem zerlegbaren Alu-Schlitten da. Sie kamen sehr schnell den Berg heraufgestiegen, setzten den Schlitten zusammen und verzurrten darauf den Achter. Dann, zwei Mann vorn und zwei Mann hinten zum Bremsen, so ging es den langen, steilen Lahner hinunter auf seine letzte Fahrt.

Das Hirschliefern ging in unserem Revier nicht immer so einfach. Vor einigen Jahren ist ein Hirsch im Verenden abgerutscht und in eine Felsspalte gefallen. Da wurde dann die Oberstdorfer Feuerwehr mit ihren Spezialleitern zum Bergen gebeten. Die Herren haben das sehr gern gemacht, es war eine ganz neue Übung, und hernach soll es hoch hergegangen sein und es wurde schwer gelöscht. Ein andermal, und das war kein Einzelfall, musste der Hirsch droben beim Erlegungsort zerwirkt werden, denn für den Aluschlitten war das Gelände absolut unzugänglich. Aber mit diesen Problemen hat jedes Hochgebirgsrevier zu leben. Gamsjagern ist dagegen eine Ein-

Mann-Plackerei. Es sei denn, man jagt, wie Alexander Florstedt in Siebenbürgen und schießt einen Gamsbock mit 60 kg.

Am Talgrund angelangt, war unser traditioneller Halt bei der Breitengehren Alpe. Nachdem der Schlitten im Schatten abgestellt war, tischte der Senn und Hüttenwirt die Hirsch-Lieferer-Brotzeit auf. Er hatte all das, was gegen Hunger und Durst der Jäger hilft: Einsömmerigen Bergkäs', Selbstgeräuchertes vom Molke gemästeten Alpschwein, Bauernbrot, frische Bergbutter, Birnschnaps vom Bodensee und kühles Bier. An diesem Platz war das von keinem Menü der Welt zu übertreffen.

Noch herrschte hier fröhliche Einkehr. Doch bald werden auf dieser wie auf den anderen Alphütten die Fensterläden und Türen geschlossen werden. Dann ziehen die Hirten und Hüterbuben in ihrer Tracht – am Hut Enzian und letzte Alpenrosen – mit festlich bekränztem Vieh unter Johlen, Juhschrei und Geißelschnalzen wieder ins Tal hinaus.

Das Kuhglockengeläut ist verstummt, und bald wird man die ersten Hirsche melden hören. Der Bergsommer ist vorüber.

Umbrien

Es begann mit Katzen. Es waren ihrer mindestens fünfzig. Die Maunze aller Farben und Größen hockten im Halbkreis am Boden und auf einer Mauer und starrten wie gebannt auf unseren Kombi. Dessen hintere Klappe stand offen und auf der Ladefläche saßen unser Kurzhaar und unser Riesenschnauzer. Beide Fronten ließen sich nicht aus den Augen.

Wir, meine Frau und ich, waren in Florenz auf einer Messe im Gelände der „Fortezza da Basso", der alten Festung aus dem 16. Jahrhundert. Unser Auto hatten wir im Schatten der antiken Festungsmauer geparkt, und da es sehr warm war, hatten wir die hintere Klappe offen gelassen, damit die Hunde nicht unter der Hitze zu leiden hätten.

Wir reisen, wenn es irgendwie geht, immer mit unseren Hunden. Da sie hier nicht in die Messehallen hinein durften, blieben sie eben im Auto, ihrer gewohnten Reise-Behausung. Da fühlten sie sich sicher, und jedem wäre es arg schlecht bekommen, wenn er sich mit böser Absicht dem Auto genähert hätte. Doch ohne Befehl aussteigen, das hätten sie nie getan.

Als ich nach ein paar Stunden nach ihnen schauen ging, bot sich mir das beschriebene, unglaubliche Bild. Es waren sicher lauter mehr oder weniger verwilderte Katzen, bei denen es sich wohl herumgesprochen hatte, dass es da was Tolles zum Gucken gibt.

Ich habe es zutiefst bedauert, keine Kamera dabei gehabt zu haben, das wäre das Bild des Jahres geworden. Ausgerechnet unsere zwei Spezialisten, die unser Niederwildrevier raubzeugfrei gemacht hatten, bewacht von einer Armee von Katzen! Ich machte dem Spuk ein Ende. Fragen Sie mich bitte nicht wie, aber es gibt gewisse Dressurhilfen, die auch bei „Außenstehenden" wirken.

Als ich am Messestand zurückgekehrt, unserem Geschäftsfreund, dem Commendatore, und meiner Frau von dem lustigen Anblick erzählte, merkte noch jemand auf: Carlo, der Freund und Weinlieferant unseres italienischen Partners. Diese braven Hunde wollte er zu gerne einmal sehen. Als er dann beim Auto den Deutsch-Kurzhaar sah, kam die Frage, ob wir Jäger seien.

So bahnte sich nach abtastendem Hin- und Her eine Einladung zur Saujagd nach Umbrien an. Da wir nach der Messe ohnehin in den dortigen Betrieb wollten, der im Nachbarort seines Weingutes lag, sagten wir gerne zu.

Das einzige, was wir nicht dabei hatten, waren Waffen und Jagdbekleidung. Doch da wir vor der Messe noch einige Tage in Südtirol beim Wandern und Bergsteigen verbracht hatten, war die Kleidungsfrage schon einmal vom Tisch.

Waffen, sagte Carlo, würde man uns leihen, zumindest eine Flinte mit Brenneke oder den ortsüblichen „Doppelnullern".

Wir verabredeten uns für den Mittwoch der kommenden Woche. Treffpunkt und Uhrzeit würde er uns noch mitteilen. Wir glaubten schon gar nicht mehr so recht an die Einladung, zu oft wurde man schon in der ersten Begeisterung eingeladen, der Rest war dann Schweigen. Aber tatsächlich erreichte uns, schon in Umbrien weilend, Carlos Anruf. Wir sollten uns am Mittwoch Morgen um sieben Uhr an seiner Enoteca, seiner Weinhandlung, treffen. Es wurde spannend.

Ein milder Spätsommermorgen versprach blauhimmelüberwölbt einen angenehmen Tag. Carlo hatte nur eine Zwölferflinte organisieren können, zu der er mir eine Handvoll „Posten" überreichte. Man hatte sich bemüht, auch für meine Frau eine Waffe zu bekommen, leider vergebens. Dann folgten wir seinem Auto hinauf in die Vorberge des Appenins. Fragen Sie mich nicht, wo wir da gelandet waren. Es ging kreuz und quer, hinauf, hinunter – ich war froh, folgen zu können. In einem winzigen, weltabgelegenen Dorf war dann der Treffpunkt mit der Jagdgesellschaft. Wo? Natürlich, wie kann es anders sein, in der Bar gegenüber der alten Kirche. Eine fröhliche Jägerschar empfing uns neugierig und herzlich. Carlo hatte uns als Geschäftsfreunde des in der Region hochangesehenen Commendatore angekündigt. Das war genügend Legitimation. Wir mussten erzählen, worauf wir bei uns jagten. Alles wurde mit großem Interesse von der Runde aufgenommen. Als dann das Wort Hirsch – „cervo" –und Gams – „camoscio" fiel, hatten wir unseren Titel schon weg: „Big game hunter".

Bald begab sich die Gesellschaft in ihre Autos, von ungeduldig kläffender Hundeschar erwartet. Und hinauf ging's in die Berge. Dichte Macchia mit niedrigen, krüppeligen Eichen. Wacholder, Ginster, Ranken aller Art. Schwierige Einstände, da braucht's gute Hunde.

Leise wurde weiträumig abgestellt. Das Treiben würde gute drei Stunden dauern, man werde uns abholen. Mit freundlichem Winken und einem „in bocca al lupo!" wies man uns einen Stand zu. Dann standen wir da in der Einsamkeit einer total unbekannten, wilden Gegend. Die Hunde lagen hinter uns abgelegt in der milden Morgensonne. Mein Schussfeld war sehr begrenzt. Die wenigen einzusehenden Lücken boten Möglichkeit bis höchstens dreißig Meter, genau richtig für die Flintenjagd. Lange Zeit war kein Laut zu hören. Aber dann tobte am gegenüberliegenden Hang die Meute los. Treiberrufe, Hundegekeif, ein Schuss, noch einer und dann sich entfernender Laut der Hunde. Stille legte sich über die Macchia. Meine Aufmerksamkeit ließ nach. Ganz aufs Lauschen nach Hundelaut hätte ich beinahe ein leises Brechen und Tappen überhört. Doch an unseren beiden Hunden merkte ich, dass sie etwas im Wind hatten. Ganz auf die Richtung konzentriert, wohin die beiden äugten, sah ich plötzlich eine Ginsterstaude leise wackeln. Schon war die Flinte im Gesicht. Da schob sich ein grauer Schatten durchs Gezweig. Ein schwacher Überläufer! Als er kurzzeitig frei war, krachte mein Püsterich los und die Sau lag, wie vom Hammer erschlagen. Ja, wenn der raue Schuss auf nahe Entfernung abgegeben wird, da gibt's kein Entkommen. Das war ja toll gelaufen. Ohne meine aufmerksamen Hunde hätte ich die Sau wahrscheinlich zu spät gesehen.

Nach einiger Zeit war die Meute wieder an Wild gekommen, doch die wilde Jagd ging weitab von uns über die Berge. Es knallte dort mehrmals, nur hier umfing uns Stille und Einsamkeit. Wir waren hochzufrieden, hier, in der milden Herbstsonne. Eine kleine Jause mit luftgetrockneter „Salsiccia alla Cacciatora" und einer Flasche leichter Weißwein ließ uns wunschlos glücklich sein.

Die Sonne war langsam zum Zenit gestiegen und ihre Wärme erweckte die Düfte der Macchia: Rosmarin, Thymian, Wacholder, wilder Fenchel und Oregano vermischten sich mit dem harzigen Geruch der Pinien.

Die Wärme und die Sorge um das Wildbret ließen mich handeln. Der Wutz musste jetzt aufgebrochen werden. Meinen Stand konnte ich gefahrlos für die kurze Strecke verlassen, um das Wild herzuziehen. Bei der Dichte des Bewuchses war die Sichtweite auch für den weitab stehenden Nachbarschützen zu sehr eingeschränkt.

Ich schlaufte den Wurf meines Überläufers in die Hundeleine und zog ihn zu unserem Platz. Zum Glück hatte ich für die Brotzeit mein kleines Schweizermesser mit den vielen nützlichen Klingen dabei. Nach dem Aufbrechen, das mit dem kleinen Messer ganz tadellos ging, zog ich die Sau in den kühlen Schatten. Zufrieden erwarteten wir das Ende der Jagd.

Große Freude, großes Beglückwünschen, dass wir, die deutschen Gäste, auch etwas erlegt hatten. Die Strecke bestand aus vier Sauen, darunter einem Keiler. Alle Sauen waren deutlich kleiner als unsere heimischen. Die Italiener sind ja auch generell feingliedriger als die oft recht ungeschlachten Deutschen, warum sollte das Wild nicht ebenso ein Abbild seiner Heimat und Umwelt sein?

Unter fröhlichem Palaver zog die ganze Gesellschaft in eine kleine Trattoria. Dort wurde aufgetafelt, was das schöne Land zu bieten hatte. Vor allem gab's Steinpilze in jeder Zubereitung, dazu Schinken vom Wildschwein, hausgebackenes Brot, Würste aller Art und einen herrlich leichten Landwein, natürlich von Carlo.

Als Carlo uns am Spätnachmittag wieder hinuntergeleitete, lud er uns zum Abendessen auf sein Castello ein. Wir hatten schon vom Tal aus, hoch auf einer Bergkuppe eine Art Burgruine gesehen. Dort wohnte er, und wir sollten uns am Abend vor seiner Enoteca treffen.

Im Hotel wurden die Hunde gefüttert und wir vertauschten unser „Räuberzivil" mit unserer gewohnten Kleidung. Um sieben Uhr abends führte uns dann Carlo auf staubigen, verschlungenen Wegen hinauf in seine Burg.

Dort droben gab's keinerlei Außenbeleuchtung, er ging voraus mit einer funzligen Taschenlampe, führte uns durch verfallene Burggemächer, bis traulicher Lampenschein kündete: Da wohnen Menschen. Der bewohnte Teil des alten Gemäuers war bestens restauriert, was man von außen nicht einmal ahnen konnte. Ein riesengroßer Wohnraum mit Wänden aus Naturstein, beherrscht von einer gewaltigen offenen Feuerstelle, in der man leicht einen Ochsen am Spieß hätte braten können. In früheren Zeiten saßen die Bewohner an kalten Abenden dort drinnen um das wärmende Feuer geschart. Wir lernten Carlos reizende Frau kennen und seine alte Mutter, die „Nonna". Sogleich wollte sie mit uns ein Gespräch beginnen, zahnlos und in umbrischem Dialekt. Carlo musste übersetzen. Bis das Mahl fertig war, bat man uns auf die Terrasse vor den Mauern. Dieser Anblick wird uns ein Leben lang unvergessen bleiben: Im letzten Abendlicht glitzerte das silberne Band des Tibers, der sich tief unten durch das Tal schlängelt. Überall blitzten schon erste Lichter auf, die wie ferne Sterne funkelten. Dazu die milde, würzige Nachtluft, geschwängert von den Düften der Macchia. Carlo brachte kühlen Wein, wir setzten uns auf eine Bank und genossen wortlos den unbeschreiblich schönen Ausblick. Seine Frau erschien und schnitt mit einer Schere Salat im kleinen Gemüsegarten. Dabei sprach sie mit jemandem, den wir nicht erkennen konnten. Doch bald sollten wir sehen, mit wem sie da geredet hatte. Meine Frau spürte plötzlich ein Zupfen und Zerren an ihren Schuhen. Hinunterblickend sah sie – sie traute ihren Augen nicht – eine Schildkröte, die verzweifelt versuchte, die Plastikkirschen auf ihren Schuhen abzubeißen. Als Carlo das sah, nahm er das Panzertier ungerührt auf den Arm und erklärte uns, dass „Annalisa" für ihr Leben gern Kirschen essen würde.

Bald wurden wir hineingebeten. Der riesige, klobige Eichentisch vor dem Kamin war festlich gedeckt. Nach der Pasta gab's Kaninchen, in Rosmarin gebraten. Es waren drei an der Zahl, die auf einer großen Platte auf große Esser warteten. Die Knochen, hieß es, sollten wir ruhig in den zurzeit kalten Kamin werfen, die Katzen würden sie sich schon holen. Gut, dass unsere Hunde im Auto warteten.

Während des Essens holte Carlo von einem Regal entlang der Wände immer wieder einen anderen Roten. Er legte seine Ehre drein, dass wir alle seine Sorten kennen lernen sollten. Er öffnete eine Flasche, schenkte jedem ein, wir probierten, und jedesmal fand er, er hätte noch etwas Besseres. Die angebrochenen Flaschen wurden achtlos beiseite gestellt. O Weinland, o Überfluss! Der stolze Winzer kredenzte uns Jahrgänge, die schon zu unserer Jugendzeit gekeltert wurden. Es waren zum Teil umwerfend gute, körperreiche Weine, bei denen wir gerne geblieben wären, doch sein Winzerstolz kannte keine Grenzen. Zum Glück hatten wir gut und reichlich gegessen und waren auch in jenen Jahren noch recht ordentlich „im Zug".

Bevor seine Frau und die Nonna das Dolce zubereitet hatten, gingen wir nochmals auf die Terrasse, um den nun total nächtlichen Ausblick zu genießen.

Als wir dann wieder zu Tisch gebeten wurden und ich mich so recht entspannt in meinen Stuhl fallen ließ, fuhr ich mit einem Schmerzensschrei wieder hoch. Etwas Spitzes hatte sich peinvoll in meinen Schinken gebohrt. Meine feine Leinenhose war durchstoßen, ich schweißte erheblich. Da hatte doch eine der Katzen sich einen spitzigen Kaninchenknochen auf meinen Stuhl geholt, um ihn dort genüsslich abzunagen. Im Dämmerlicht und Weindunst hatte ich nicht achtgegeben und da hatte ich den Schaden. Doch es war nicht allzu tragisch, außer dass die weiße Leinenhose nicht mehr weiß und kaputt war.

Die Heimfahrt in später Nacht ergab kein Problem, es ging immer bergab und kein Mensch war auf den Straßen.

Was vor Tagen mit Katzen begann, ging hier wiederum mit Katzen zu Ende.

Zum Glück war's diesmal nur eine.

Auf der Biberalp

Die Tage sind deutlich kürzer geworden und der Jäger kann schon früher zu Bau fahren. Über dem Land liegt die sanfte Schwermut des endenden Sommers. Am Morgen schwebt spinnwebfeiner Nebelhauch über den Wiesen und im Garten fallen mit sanftem Aufschlag Äpfel ins tauschwere Gras. Die Umrisse der Berge zeichnen sich weich im sommerlichen Dunst. Die Schwalben haben bereits Reisefieber und jagen in Scharen ihrer Beute nach. Auch den Jäger packt eine gewisse Unruhe: die hohe Zeit der Hirsche steht bevor, und herbstliche Jagdpläne nehmen langsam Gestalt an.

Aber mir spukt noch ein ganz bestimmter Rehbock durch meine grünen Träume. Irgendwie war's heuer nichts Besonderes mit meiner Rehbockjagerei. Zwei knopfgeringe Jahrlinge hatte ich kunstlos auf ihre Decke gelegt, aber mit einem g'scheiten Bock war's nichts geworden. Doch den ganz Gewissen, der mir so recht „schmecken" würde, den hatte ich nur einmal so beiläufig, bei einer unbewaffneten Bergwanderung erschaut. Ziemlich weit hinten im Tal, wo der Rappenalpbach sich noch als kleines, kristallen munteres Rinnsal durchs Gefels zwängt, verriet er sich durch schwankende Latschenzweige. Wie im Zorn nahm er kleinen Anlauf und kämpfte lichterrollend mit den federnden Zundern. Was er auf seinem Haupte trug, das reichte, um heiß meine Begehr zu entfachen, und meinen Ärger, dass ich, harmlos wie ein „Touri", ohne Büchse in eigenen Jagdgefilden spazieren ging. Ganz eng, fast sich berührend, sprossten zwischen seinen Lusern vom Erlenbefegen schwarze, gut geperlte Stangen. Eine Vereckung konnte ich, nur mit Glas bewaffnet, nicht erkennen. Sein Träger war kurz und breit und kündete von einem reiferen Herrn.

Jetzt, wo der August zu Ende geht, nehme ich mir alle Zeit, nach ihm zu schauen. Die Gamsjagdpläne können warten. Tag um Tag hocke ich im Schatten eines verwitterten, senkrückigen Heustadls und sehe kein rotes Haar. Die Kriebelmücken mit ihren heiß brennenden Stichen sind ganz verrückt nach mir und meinen nackten Knien. Raika, meine Schweißhündin, liegt zusammengerollt neben dem Rucksack und verschläft den Tag. Nach fünf ergebnislosen Ansitzen geb' ich's an diesem Platz auf. Hol's der Teufel, aber hier ist nicht einmal eine Rehgeiß. Der Versucher lockt zu herrlichen Gamspirschen in der Höhe, aber so schnell will ich's noch nicht drangeben. Allzuweit kann der Bock doch nicht sein. Vielleicht treibt sich der Heimliche weiter oben am Berg herum.

In der Philosophie galt der Mensch schon immer als „Tier plus X". Jetzt wünsche ich mir, ich hätte weniger „X" und wäre näher am Tier, um mich in mein Wild besser hineindenken zu können. Dann würde ich's leichter „derschmecken", wo der Gesuchte jetzt sein könnte. Ich wäre näher an der wahren, der echten Jagd – der Pirsch. Verstehen Sie mich nicht falsch. Auch ich bin oftmals, umständehalber einer jener Jäger, die mit dem Auto bis in Ansitznähe heranfahren. Und darüber muss ich froh und dankbar sein. Dazu ist jedoch mehr Schießfertigkeit gefragt als echte jägerische Qualitäten. Das klingt ketzerisch, aber seien wir ehrlich – welche Jagdkunst ist erforderlich, um einen Rehbock auf dem Hochstand zu „derhocken" und dann mittels guter Auflage und Super-Optik sicher auf die Decke zu legen? Da sind nur sicheres Ansprechen (und in vielen Revieren braucht's das heutzutage auch nicht mehr), Sitzfleisch und Geduld erforderlich. Und Pirschen? Bei den heutigen, meist kleinen Revieren? Die wären schnell leer gepirscht. Drum genieße ich es, wenn ich hier im Berg den Stecken unter die Achsel nehmen, die Büchs' übers Kreuz hängen und mich auf die Läufe machen kann. Also auf! Mal schauen, wohin mich mein „Rest-Tiersinn" leiten wird.

Meine Pirsch führt mich etliche hundert Höhenmeter weiter hinauf zum Biberkopf. Er bildet die östliche Reviergrenze zu Tirol. An seinem Fuß breitet sich eine weite Alpfläche hin. Angrenzend stockt ein dichter, weiträumiger Einstand von Weißerlen, den Laublatschen. Das könnte doch so ganz nach dem Gusto eines alten Herrn Rehbocks sein. Den Tag ungestört im turmalingrünen Dämmer verschlafen, genüsslich wiederkäuen, hie und da ein feines Kräutlein naschen und am frühen Morgen und späten Abend ein kleiner Bummel, das wär' doch was? Dort muss ich's probieren.

Gleich nach dem letzten Morgenansitz steige ich da hinauf. Das Vieh ist zwar noch da, treibt sich aber weiträumig umher. Reh und Kühe kennen sich und leben friedlich nebeneinander.

Die Alpfläche ist buckelig und wellig. Wenn sich da mittendrin ein Reh niedergetan hat, sieht man es erst, wenn's zum Äsen hochgeworden ist. Die Randbüsche der Erlen sind hie und da frisch befegt. Schon mal ein gutes Zeichen. Überall Murmelbaue und ich werde sogleich mit warnenden Pfiffen begrüßt. Nun, heut' Vormittag werde ich's sein lassen und mich nur nach einem passenden Platz für den Abend umschauen. Eine tief beastete Randfichte, die oberste an der Baumgrenze, die gefällt mir als Ansitzplatz für den Abend. Nur darf ich nicht zu früh heraufsteigen und muss warten, bis der Wind wieder talwärts zieht.

Als die Sonne die Grate der im Westen liegenden Schafalpköpfe berührt, sitze ich in guter Deckung an meiner Fichte. Von den Murmeln unbemerkt, habe ich mich mit meinem Hund hier eingeschoben. Mitten in der Alm hockt ein fetter Murmelbär und hält Wache, während die Verwandtschaft sich um das Winterfett sorgt. Weiter oben, in den steilen Gehren des Biberkopfes, stehen Gams. Jetzt in der Abendkühle sind sie wieder in Bewegung, äsen und rupfen mit nickenden Häuptern. Das Lahnergras ist schon ein wenig herbstlich ocker überhaucht.

Vereinzelt stehen hier Berberitzensträucher. Heuer sind sie übervoll von ihren roten Beeren. Spitzbeeren heißen sie im Tal.

Man sagt, wenn sie so reichlich tragen, dann gibt's einen strengen Winter. Warten wir's ab. Ich finde, all die Bauernregeln sind außer Kraft, mit dem Klimawandel herrschen neue Gesetze. Oder haben diese Regeln jemals gestimmt?

Zweihundert Meter links von mir zieht ein Stuck mit seinem Kalb aus den Laublatschen. Gleich hinterdrein ein Schmaltier. Es dauert nicht lange, da stehen sechs Stück Kahlwild heraußen. Hier oben ist ein guter Brunftplatz. In den vergangenen Jahren habe ich oftmals während der Hirschbrunft auf der Biberalphütte auf dem Salzbichel übernachtet. Da durfte kein Lichtschein nach draußen dringen und der Herd musste kalt bleiben. Die Hirten mit ihrem Vieh waren schon anfangs September mit Juhschrei und Glockengebumper vom Hochleger ins Tal gezogen und die Berge gehörten wieder dem Wild allein. Nachts meinte man die Fensterscheiben klirren zu hören, so nah schrieen die Hirsche bei der Hütte. Bis es heuer wieder so weit ist, wird sich der Rehbock auch von hier verzogen haben. Wenn, ja, wenn nicht vorher…

Am Ende des Laublatschendickichts teilt, tief eingefräst, ein steiler Graben die Alp. Im vergangenen Spätherbst schoss hier mein Freund einen Gamsbock, der jenseits der Rinne verendete. Der Freund hatte durch die vorhergegangene lange Gamspirsch im wadentiefen Schnee so große Schmerzen in seinen lädierten Hüftgelenken, dass ich den Bock holen wollte. Am Grabenrand stehend, blickte ich auf blankes, blauschimmerndes Eis. Die gefrorenen Schmelzwasser füllten den Boden der steilen Rinne mit einer anderthalb Meter breiten, spiegelglatten Fläche, die dem Fuß keinen Halt bot. Wenn ich das Hindernis umgehen wollte, so hätte ich sehr weit hinunter absteigen müssen. So kramte ich aus meinem Rucksack Schweißriemen und eine zusätzliche Reepschnur. Damit sicherte ich meinen nagelschuhbewehrten Überstieg. Drüben band ich den Gamsbock ans Ende meiner Konstruktion und wohlbehalten langten wir wieder auf der anderen Seite an. Wenn man von einem „toten" Gamsbock überhaupt von wohlbehalten reden

kann. Der Abstieg mit Gams und schmerzensbleich humpeln-
dem Freund, der sich auf mich stützen musste, war ein Kapitel für sich.

Diesen Gedanken nachsinnend, ist es mittlerweile finster geworden. Über den östlichen Bergkamm steigt kalt der Mond.
Das Rotwild ist äsend weitergezogen, und die Murmele sind
in die Tiefe ihrer Baue geschloffen. Mir steht noch ein weiter
Weg zurück zur Talstraße bevor. Leise stehlen sich Herr und
Hund davon. Drunten im Wald begleiten die Rufe der Käuze
unseren Weg.

In noch grauer Nacht bin ich in aller Frühe wieder auf den
Läufen. Das Tal bedeckt dichter Nebel, der Herbst kündet sich
an. Beim Aufstieg zu meinem Ansitzbaum bin ich bald aus der
„Milchsuppe" heraus. Sternklar wölbt sich die Himmelskuppel
über mir. Ohne Eile, gemächlich steigend, gelangen wir an unseren Platz. Schon tauchen die Umrisse der Berge deutlich aus dem
nächtlichen Dunkel. Immer wieder wandert das Glas an die Augen, immer wieder meine ich, es hätte sich ein Schatten bewegt.

Es ist nun voller Tag geworden, die Murmele tummeln sich
wieder auf der buckligen Alpwiese. Da schwebt mit einem Mal
der Adler über die Matten, ein gellender Pfiff – und die braune
Gesellschaft ist wie vom Erdboden verschluckt. Die Gams am
Biberkopf stehen wie gestern an ihrem Platz. Nur ein Reh lässt
sich nicht blicken. Kaum denke ich es, da erhebt sich mitten
aus Buckeln und Senken der Alm ein Reh, ein Bock, streckt sich
wie ein vom Schlaf erwachender Hund, – und ist mein lang gesuchter. Noch steht er halbschräg, langsam zieht er weiter, verhofft jetzt brettlbreit, der Stecher schnappt leise ein – und gerade wie ich das Züngl berühren will, taucht genau hinter seiner
Rückenlinie ein Murmele auf. Ausgerechnet jetzt! Da wendet
sich der Bock und zieht spitz von mir fort in Richtung der Laublatschen. Das Fadenkreuz wandert mit. Stell' dich doch breit!
Und schon tut er es, der Schuss gellt hinaus und ehe der Donner des Echos von den Felswänden verrollt ist, haben die Erlen den Flüchtigen aufgenommen.

Meine Hündin hat alles mitangesehen. Zitternd sitzt sie neben mir, stupft mich an. Sie will zum Wild. Der Bock ist ohne jegliches Zeichnen abgesprungen. Sollte er gefehlt sein? Ich bin doch, am Bergstecken anstreichend, gut abgekommen. Jetzt wollen wir erst einmal warten. Nach einer halben Stunde gehe ich ohne Hund zum Anschuss. Nichts. Aber halt! Hier auf einem Blatt des blauen Eisenhuts: Lungenschweiß. Aufatmen! Der kurzen Strecke bis zum Dschungel der Laublatschen will ich folgen. Und da sehe ich ihn schon liegen. Gerade noch hat er den Einstand erreicht, da verließen ihn die Lebenskräfte.

Ich trage ihn hinüber zu meinem Ansitzplatz. Bewundernd fahre ich über das rau geperlte, eng zusammengestellte Gwichtl. Ganz oben hat er winzige Vorderenden, und die rechte Stange zeigt genau über der Rose ein vier Zentimeter langes Hinterend.

Das sind jene besonderen Böcke, die mir mehr sind als irgendein braver Sechser. Ums Haar hätte noch ein unschuldiger Murmelbär dran glauben müssen. So aber trübt kein Schatten meine reine Jägerfreude.

Zwei besondere Gamsböck'

Der übliche Jägertreffpunkt war's nicht, dort im Warteraum des Flughafens von Shanghai. Wenn ich Zeit habe, und die hatte ich damals reichlich, dann schaue ich mir gerne die Leute ganz genau an. Oft versuche ich dann zu raten, wer wohl welchen Beruf und sonstige Betätigung haben könnte. Allerdings will ich dabei nicht so präzise Vermutungen hegen, wie es etwa Graham Greene in einem seiner Bücher wagte: „Er sah aus wie ein Mann mit außergewöhnlichem Erfolg im Verkauf von Miederhöschen."

Leider muss die Auflösung meiner Ratespiele fast immer offen bleiben. Echte Jäger sind in aller Welt eine eigene Rasse. Es ist mir schon passiert, dass ich mir im Stillen dachte, den oder die könnte ich mir gut als Jäger vorstellen, und tatsächlich bekam ich später oftmals die Bestätigung meiner Einschätzung.

Mir gegenüber saß ein Geschäftsmann mittleren Alters, nein, Tourist konnte er nach seiner Art sich zu kleiden, keiner sein, sicher auch kein Wissenschaftler. Und wie er seine Umgebung aufmerksam beobachtete, auch wie er die vor den Fenstern fliegenden Vögel mit wachen Blicken verfolgte, das rückte ihn in meiner Einschätzung in die „Grüne Gilde".

Eine Ansage verkündete, dass sich der Abflug verzögern würde. Das nahm mein Gegenüber zum Anlass, in seinem Aktenkoffer zu kramen. Und heraus kam, Hurra! ich lag richtig, eine Jagdzeitschrift. Da uns ein langer Flug bevorstand, fasste ich mir ein Herz und „bandelte" schamlos an. Zum Glück war mein „Opfer" auch ein aufgeschlossener Typ. Jägern, vor allem Hundeleuten, und zu denen gehörte er obendrein, geht ja der Gesprächsstoff niemals aus, es sei denn, sie stammen aus der sagenumwobenen Familie jener nordischen Küstenbewohner, für die ein knarziges „Moin, Moin" eine schon viel zu lange Ansprache ist.

In den vielen Stunden über Land und Meer kamen wir uns näher und draus wurde eine Einladung auf einen Hirsch in meinem Allgäuer Hochgebirgsrevier, wofür er sich mit einer Gams-Einladung in seiner Kärntner Jagd revanchieren wollte.

Schon während der Hirschbrunft traf mein neuer Freund Hubert ein. Bei uns werden während der Brunft zuerst die „Einser" erlegt, und danach kann auf das übrige Rotwild gewaidwerkt werden. Da ich ihm einen IIb-Hirsch zugedacht hatte, fanden wir vorerst Zeit und Muße, miteinander einen passenden zu bestätigen.

Es ist immer ein Risiko, sich einen noch wenig erprobten Jäger ins Gebirg einzuladen. Ich erlebte da schon recht „lustige" Dinge. Wie es ja überhaupt der beste Test fürs Zusammenpassen ist, wenn man jemand auf die Jagd mitnimmt. Da stellt es sich recht bald heraus, was man für ein Gegenüber hat. Vor allem im Berg. Martin Luther hat es kurz und treffend gesagt: „Den Mann lernt man kennen im Spiel, bei der Buhlschaft und auf der Jagd."

Eine erheiternde Geschichte fällt mir zu diesem Thema ein. Ein guter Bekannter, Nichtjäger, bat mich, ihn doch einmal zur Gamsjagd mitzunehmen. Da er mir als guter „Geher" bekannt war, sagte ich gerne zu. Die Gamspirsch war schon bald von Erfolg gekrönt. Auf den Schuss flüchtete der Bock noch etwa 40 m bergab, wo er in den Latschen verendete. Nach angemessener Zeit stiegen wir hinab, und ich brach ihn auch da drunten auf. Da mein Begleiter sich gerne beim Bergen der Beute nützlich machen wollte, gab ich ihm das Herz, das heil geblieben war, zum Tragen. Ich sah belustigt sein verekeltes Gesicht, als er das noch warme, schweißige Stück in die Hand nehmen musste. Als wir mit dem Erlegten wieder oben am Steig waren, ließen wir uns erst einmal nieder, um in der warmen Herbstsonne ausgiebig Brotzeit zu machen. Das Herz schnitt ich in

Stücke und gab es kleinweis meiner Schweißhündin zu fressen. Mein Begleiter war entsetzt, was ich gar nicht so recht mitbekam. Doch noch nach Jahren musste ich immer wieder von dem wackeren Schwaben hören:

„Erscht hab' i des blutige Ding nauftrage müsse, und dann hat er's oifach am Hund gäbbe!"

Das war für einen sparsamen Schwaben denn doch zuviel.

Das Risiko, mit dem neuen Bekannten nicht klarzukommen, hielt ich für gering und wurde auch in keiner Weise enttäuscht, nachdem der Hubert ja selber eine Hochgebirgsjagd in den Karnischen Alpen hatte.

Nachdem in unserem Revier der letzte „Einser" von den Mitpächtern erlegt war (in dem Jahr hatte ich selber keinen frei), konnten wir uns dem eigenen, „heißen" Waidwerken zuwenden. Unser Jäger Bernhard hatte mir schon vor der Brunft von einem interessanten Hirsch vorgeschwärmt, dem er den schönen Namen „Schwüngrad" gegeben hatte. Das war gut oberstdorferisch ausgesprochen und bedeutete nichts anderes als Schwungrad. Der Bernhard war jederzeit gut für originelle Namen seiner Hirsche. Einer hieß: „`s Gäbele", weil er ein gegabeltes Augend trug. Der „Schwüngrad" zeigte ein ungerades Zehnergeweih mit starken Stangen, die sich in kreisförmigem Schwung mit den oberen Enden fast wieder berührten. Bernhards erste Frage an den Gast galt seinem Büchsenkaliber.

„Was schuisch fir an Bolla?" (Was für eine Kugel schießt du?)

Als ich das übersetzt hatte, kam die beruhigende Antwort:

„300er Winchester."

Der Bernhard war zufrieden.

Der Namenspatron war dem Hubert gnädig gesonnen und er konnte nach einigen erlebnisreichen Gängen diesen interessanten Hirsch mit sauberem, und, wie im Berg oft anders nicht möglich, weiten Schuss erlegen. Verwundert sah er, wie der Bernhard, bevor der Erlegte in die Wildkammer kam, sich den sepiabraunen Zottelpelz des Brunftflecks herausschärfte und mit heim nehmen wollte.

Auf die Frage, was er damit vorhabe, kam die unglaubliche Antwort:

„Mit deam wird d' Falle vo minar Leadarhose in'griebe. Des meget d' Wibar!" (Damit wird der Latz von meiner Lederhose eingerieben, das mögen die Weiber.)

Das ist wahr, ich habe es selbst gesehen und vor allem gerochen, wie er damit am Sonntag in einer Wolke strengen Brunftgeruchs loszog.

Mit diesem „exotischen" Erlebnis und voll neuer Eindrücke reiste der Gast anderntags der Heimat zu.

Zur Gamsbrunft fuhr ich dann ins südliche Kärntnerland, gespannt auf die Gams, die in den Kalkalpen besonders stark sein sollen. Der frühe Schnee, der Ende Oktober reichlich gefallen war, lag nur noch in den Gräben und auf den Schattseiten und war auch da schon ziemlich „zusammengehockt". Huberts Jagdhütte stand nahe dem Plöckenpass. Seine Wegbeschreibung war perfekt, und ich fand mühelos den „Einschlupf", wo es von der Passstraße in bedenklich steilem Anstieg zur Hütte hinaufging. Doch der Allrad schaffte es mühelos, zum Glück war's dort schneefrei.

Der von meinem Kommen nicht unterrichtete Jagdaufseher empfing mich mit misstrauischem „Was geht hier vor?" Doch kurze Zeit später kam auch sein Chef den Steilanstieg hochgebraust, worauf sich der „Brummler" – enttäuscht, dass er mich nicht als bösen Eindringling dingfest machen konnte – mit den Worten verzog: „Hiaz muass i a weni haazn!" Und bald knackte und loderte das Feuer im Hüttenofen.

Unterhalb der Hütte, entlang der Straße, erstreckt sich Mischwald, durchtost vom Schmelzwasser des Valentinbachs, über den man auf darübergelegten Stämmen ans jenseitige Ufer gelangen kann. Drüben wieder ein etwa 200 m breiter Streifen von Mischwald und Latschensaum bis zum Fuße des 2.332 m hohen Polinik, der sich mit schroffen und dunklen Felswänden wie ein Kegel darüber erhebt. Huberts Revier reichte bis zum Gipfel hinauf. Auf den oberen Flanken, Karen und Gräben, hieß es, stünden bei dieser Wetterlage die Gams. Die Brunft hatte gerade angefangen, und die Aussichten waren vielversprechend.

Über ein schmales Felsband gelangt man um die Schulter des Berges, wo der schmale Steig sich in Serpentinen hinaufwindet, immer auf einer Seite Felswand, auf der anderen Seite gähnt der Abgrund. Die Büchse konnte man nicht, wie im Flachen, lässig übers Kreuz schlagen, denn beim Anstoßen an der Felswand hätte man leicht das Gleichgewicht verlieren können. Mein junger Schweißhund fühlte sich ganz in seinem Element, das war seine Welt. Der Jagdaufseher „Mich", das fehlende „..ael" ist wohl für die Gailtaler schon zu lang, führte mich hinauf, wo munterer Brunftbetrieb die Kare bevölkerte. Zwei Tage stapfte ich mit meinem schon etwas bemoosten Begleiter in die Gipfelregion hinauf. Der stieg trotz seines Alters immer noch wie ein Junger. Wir hockten im Sonnenschein und genossen den weiten Ausblick auf Lesach- und Gailtaler Alpen. Aber keiner der umhersuchenden Böcke gefiel uns, entweder waren sie zu jung oder zu gering. Der Jagdherr hatte ausdrücklich gewünscht, dass ich nur einen der Extraklasse erlegen sollte.

Am dritten Tage, wir wollten uns später in einem anderen Revierteil umschauen und saßen gerade in spätherbstlicher Wärme beim Frühstück auf der Hüttenveranda, da sah ich, wie drüben in der steil aufragenden Felswand auf einem schmalen Band ein einzelner Gams suchend daherstieg. Beide waren wir sofort mit den Spektiven bei der Hand.

Es gab mir einen Riss: „Herrschaftszeiten, das ist jetzt schon ein ganz Besonderer!"

Der Pinsel war deutlich als dichter Zopf zu sehen und die Zügel in seinem Grind ließen auf reifes Alter schließen. Aber erst die Krucken! Hoch und teuflisch weit geschwungen und an der Basis beachtlich stark. Selbst auf die weite Entfernung sah man, dass der ganz was „Extriges" war. Den wollte und den musste ich haben!

„Gefällt er dir? Wenn du meinst, er hat das Alter, dann nix wie los!"

Das ließ ich mir nicht zweimal sagen. So schnell habe ich mir wohl selten meine Siebensachen zusammengerafft, Rucksack, Büchs', Bergstecken und Hund geschnappt und schon sprang ich hinab. Über die Passstraße, über den schäumenden Bach auf glitschigen Stämmen. Zum Glück hatte ich meine Allgäuer Griffschuhe mit den scharfen Eisen an, so war das eilige Balancieren über das rutschige Holz kein Problem.

Es galt, den Bock, wenn er seinen Wechsel beibehielt – und das war zu erwarten – in einer etwa 400 m weiter sich öffnenden Lücke des Waldes abzupassen.

Hier, jenseits des Baches versperrten mir die hohen Bäume die Sicht auf die Wand, doch auch der Gams konnte mein geschwindes Vorgreifen parallel zum Berg, längs des Baches, nicht eräugen.

Bald hatte ich die Lücke erreicht, wo ich freien Blick auf den vermuteten Gamswechsel hatte. Ein stubenhoher Felsblock lag da am Weg. Den Hund abgelegt und auf den Felsen geklettert. Dort oben bot sich eine gute Möglichkeit, ruhig aufzulegen, um von keinen Zweigen und Ästen behindert zur Wand hinauf zu schießen. Ich war keine Minute zu früh dran.

Da stieg er schon daher. Noch ein Blick durchs Spektiv! Ja, er war's. Schon hatte ich ihn im Fadenkreuz, als er ungedeckt von den talseitigen Bäumen, hoch in der Felswand frei daherkam. Jetzt muss er nur ein Haberl machen und ruhig stehen!

„Teufel – ist das weit!" Doch ich kenne meine 243 gut, denn auch im Allgäu waren oft „zache" Schüsse notwendig. Da stand er auch schon wie ein Standbild, schwarz auf schwarzem Fels. Doch zum Genießen des prächtigen Anblicks war keine Zeit.

Ausgeschnauft! Ruhig lag die „Scheiring" auf guter Unterlage. Steil hinauf musste ich schießen. Meinen alten Fehler, bei weiten Schüssen bergauf auch höher ins Ziel zu gehen, hatte ich mir längst abgewöhnt.

Der Schuss krachte mit grollendem Echo von den Felswänden. Der Gams schnellte sich förmlich aus der Wand. Mit den Läufen nach oben fiel er, fiel sechzig, siebzig Meter senkrecht längs der Felswand in die Tiefe.

Mir grauste es. Das hatte ich in meiner Hitze nicht bedacht. Ich hatte überhaupt nichts bedacht. Ich wollte den Bock nur haben! Wie würde er jetzt wohl zerschmettert in der Tiefe angekommen sein? Wildbret hin, Krucke hin? „Das hast du jetzt, du schusshitziger Teufel!" sagte ich mir. Doch späte Reue nützte nun wenig. Was wäre, so fragte ich mich jetzt ernüchtert, wenn er oben verendet hängen geblieben wäre?

Doch auf jetzt! Bis ich da droben war, wo er vermutlich gelandet sein müsste, war noch ein weiter, beschwerlicher Weg durch Felstrümmer und Latschenwildnis. Der Hund würde mir eine gute Hilfe sein, das Wild zu finden.

Ich war kaum fünfzig Meter von der abgelegten Büchse und dem Rucksack entfernt, da flüchtete ein Reh aus den Latschen vor mir. Der junge Hund, frei vor mir laufend, brachte nun Schuss und Suchen zusammen, und mit „jiff, jaff" ging die Hatz dahin.

„Na sauber, das auch noch!" Doch da die Hündin am gesunden Wild sonst bald ab lässt, so ging ich eben allein weiter. Sie wird schon nachkommen! Nach einer schweißtreibenden Viertelstunde stand ich atemlos droben unter der Felswand. Jetzt musste ich peilen: da unten war mein Felsklotz und in gerader Linie hinauf müsste – ja! – und da sah ich auch schon klobige Gamsläufe aus dem Schnee ragen. Hier unter der Wand war noch metertiefer Schnee. Da war der Bock nach seinem Sturz und Flug „hineingebombt". Mit schnellen Schritten war ich bei meiner Beute und hob in Angst vor unangenehmer Überraschung das Haupt aus dem griesigen Schnee.

Mir bot sich ein Anblick, wie man ihn nur aus seligen Träumen kennt. Welch eine Krucke! Es fuhr mir ein glücklicher und befreiter Schnaufer aus der Kehle. „Bei des Samiels bärtiger Großmutter, was für ein wahrer Fetzenbock!" Unversehrt war er in dem nachgebenden Schnee gelandet. Da hatte ich mehr Glück als Verstand gehabt.

Jetzt aber, wo war mein Hund? Er hätte längst wieder bei mir sein müssen! Sorge kam auf. In seinem weiteren Verlauf stürzt der Valentinsbach in eine scharf und tief ins Gelände eingeschnittene Schlucht. Ich wollte es nicht zu Ende denken.

Nach der Roten Arbeit buckelte ich mir den vollfeisten Bock auf. An ein Ziehen war mangels Schnee nicht zu denken. „Sakra! War der schwer!" Doch diese Bürde wollte ich gerne tragen. Die Waage ergab später 37 kg, das war bei schon beginnender Brunft ein stattliches Gewicht. Im Allgäu wurde, wie im vorigen Kapitel erwähnt, einst ein Gamsbock mit 42 kg erlegt, doch nachdem ich sowieso nie nach Rekorden strebe, war ich mit diesem Trumm-Bock reichlich bedient.

Mühsam über die Felstrümmer turnend, kam ich – sicher zehn Zentimeter kleiner – bei meinem Felsblock an. Rutenwedelnd saß da die „Rote Hündin" auf dem abgelegten Rucksack. Große Erleichterung und große Freude auf beiden Seiten. Jetzt konnte ich endlich beruhigt und genussvoll ans Bartrupfen gehen.

Mit großem Hallo wurde ich auf der Jagdhütte begrüßt. Der Hubert hatte von erhöhter Warte aus alles verfolgen können. Als er den Gams aus der Wand fliegen sah, dachte er im ersten Moment, er wäre abgestürzt. Doch dann erreichte ihn der Schall des Schusses und er war sich meines Erfolges sicher. Sogleich wollte er den Bock auspunkten, was ich ihm als stolzem Jagdherrn nicht verwehren konnte. Er maß und rechnete und kam schließlich auf 109 Punkte. Das war auch fürs Gailtal eine beachtliche Trophäe.

Doch am meisten freute mich der weite Schuss und der gute Ausgang meiner „wilden Gamspirsch".

* * *

Ein anderes buntes Erlebnis rankt sich um einen Gamsbock aus dem Salzkammergut. Mein Freund Ferdinand, seines Zeichens Büchsenmacher in Bad Ischl hatte mich auf einen IIb Bock eingeladen. Es war in einem anderen Jahr, es war wieder Gamsbrunft. Auch in jenem Herbst war noch wenig Schnee gefallen, aber doch wenigstens soviel, dass das Treiben der Gams „Schwarz auf Weiß" jenes wunderbare Schauspiel bot, auf das ich mich ein ganzes Jahr genauso wie auf die Hirschbrunft freue. Auf seiner gemütlichen Hütte richteten wir uns behaglich ein. Wir hatten keine Eile. Auch der Ferdl war ein Jäger, der nichts „derspringen" will. Das Wild muss sich bewegen, der Jäger kann nichts „derzwingen". Wir probierten an vielen Plätzen des weitläufigen Reviers, ob wir einen Passenden finden könnten. Und die Ansitze bei schönem Spätherbstwetter belohnten uns auch ohne Schuss und Beute. Anblick hatten wir reichlich. Doch immer fehlte hier entweder das Alter, oder die Herren Gamsböck' waren zu stark. Die „Einser" waren bereits erlegt, von denen war keiner mehr frei. Mir war es recht, dass ich nicht so schnell zu Schuss kommen konnte, denn mein größter Genuss ist immer der Weg. Ist das Ziel erreicht, ist meist alles zu Ende. Doch diesmal sollte es anders kommen.

Die langen Abende bei fauchender Gaslampe genossen wir und spannen unser „grünes Garn". Unsere mit guten Dingen schwer heraufgetragenen Rucksäcke wurden jeden Tag leichter und so mussten wir leider einen Abschiedstag ins Auge fassen.

Noch eine schöne, lange Pirsch hatte der liebe Freund geplant, dann sollte es langsam der Seilbahn des Feuerkogls zugehen, die uns zu Tal bringen sollte.

Dabei trafen wir zwei Mitjäger, die ebenfalls ohne Beute auf dem Heimweg waren. Gemeinsam strebten wir nun in Richtung Seilbahnstation. Unsere restliche Brotzeit wollten wir nun aber auch nicht wieder mit hinunter nehmen.

Wir hockten uns alle Viere gemütlich am Steig nieder und jausneten, doch stets mit einem wachsamen Auge auf die Umgebung. Da zog plötzlich auf etwa 80 m ganz steil direkt unterhalb von uns ein Gams. Immer wieder wurde er von den großen Felsbrocken verdeckt.

„Ja, was war denn mit dem los?" Den rechten Vorderlauf konnte er nicht einsetzen, deutlich sah man eine faustdicke Schwellung am Gelenk. Und noch etwas sah man: Es war ein sehr starker „Einserbock". Doch das war jetzt kein Thema. Ferdinand war ganz aufgeregt.

„Gerd, schnell, schieß nunter, aber fei mer'n ja net!"

Liegend musste ich steil hinunterzielen, einer der Jäger hielt mich an den Füßen fest, damit ich nicht in die Tiefe fahren konnte. Als der Gams, stark schonend, wieder erneut auftauchte, hielt ich etwas tiefer, und auf den Schuss verschwand er hinter einem Felsklotz. Nachgeladen! Doch er kam nicht mehr zum Vorschein. Wir konnten nur vermuten und hoffen, dass er dort verendet liegen müsse. Abgekommen war ich ja gut.

Nach einer halben Stunde stieg ich mit einem Begleiter hinunter. Ernste Ermahnungen begleiteten uns, ja nicht in die zugewehten Schneelöcher zu treten. Der Berg ist dort von Dolinenlöchern ausgehöhlt wie ein Schweizerkäse. Wenn man auf trügerischer Schneedecke in solch einem Loch verschwindet, dann heißt's „ade, du schöne Welt!", dann geht's Hunderte von Metern abwärts und kein Mensch kann einen da herausholen. Es sind in der Vergangenheit schon etliche Bergwanderer auf diese Weise spurlos verschwunden.

Vorsichtig näherten wir uns dem Felsklotz, hinter dem der Beschossene sich niedergetan hatte. Seitlich kamen wir heran. Doch der Bock war längst verendet.

Mein Begleiter hatte eine Kraxe dabei. Da drauf banden wir den Gams und waren bald wieder oben bei unseren Freunden. Ich war außer mir vor Freude.

Zum einen, dass ich das Wild vor dem sicheren Hungertod bewahrt hatte, denn wie sollte es mit nur einem Lauf den Schnee wegschlagen, um an seine Äsung zu gelangen? Zum anderen war es ein sehr guter Bock, den sich auch der Verwöhnteste stolz an die Wand hängen würde. Und er hatte trotz seines Alters von dreizehn Jahren einen prachtvollen, wunderbar bereiften Bart mit reichlich Haar.

Die Freunde wollten nach einer abschließenden, feiernden halben Stunde zu Tal steigen. Ferdinand, der selber keine Waffe dabei hatte, erbat sich meine Kipplaufbüchse, falls sich ihm beim Abstieg noch eine Gelegenheit böte. Ich dagegen sollte mit dem Gams auf dem Buckel zur Seilbahn gehen, abfahren, und drunten wollten wir uns treffen.

Gemütlich, mit dem Bergstecken unterm Arm machte ich mich auf den Weg zur Bergstation. Es war Sonntag, und es waren schon einige Wanderer unterwegs. Verwundert wurde ich beguckt, denn meine Bürde war ja nicht zu übersehen. Dann kamen die ersten Anfragen: „Herr Jäger, darf ich Sie fotografieren?" Säuerlich lächelnd musste ich das ja wohl gestatten. Dann, nachdem ich auch „Mörder, Mörder!" gehört hatte, fragte mich ein guter Beobachter, wie es denn komme, dass ich ohne Gewehr so ein Wild transportiere. Ich hatte die Fragerei schon ein wenig satt und so sagte ich im Scherz, dass ich von der Kurverwaltung angestellt sei und für die Touristen alpines Lokalkolorit abgeben müsse. Das brachte mir plötzlich mal zehn, mal zwanzig Schilling Trinkgeld ein. Jetzt war ich nicht mehr zu halten. Wenn ich schon in dieser mir höchst unangenehmen Lage war, dann wollte ich wenigstens auch meinen Spaß haben. Immer tollere Geschichten konnte ich loswerden. Immer neue Wandergruppen schwärmten auf den Höhenwegen. Bald war ich umringt von einem Kegelklub, und die Schillinge klimperten. „Na Servus!" So konnte ich mit der Jagerei auch mal Geld verdienen. Was sollte ich machen? Ich hasse nichts mehr, als wie ein Schauobjekt begafft zu werden. Aber ich konnte doch nicht „ksch-ksch machen –, haut alle ab!" Da hatte mir der Ferdl ein schönes Ei gelegt! Am besten war's dann in der Seilbahnkabine. Ein Ehepaar vom schönen Rhein fragte mich, wie es denn komme, dass ich eine „Jemse" bei mir hätte, aber kein Gewehr. Wie hätte ich denn das liebe Tier zu Tode gebracht?

Ganz als wilder Bergbewohner, deutete ich nur stumm auf die scharfe Spitze meines Bergsteckens.

Im Tal angekommen, machte ich, dass ich davonkam. Allmählich bekam ich selber Angst vor mir. Dem Ferdinand, der mich abholte, beichtete ich meine Abenteuer und wir beide lachten Tränen. Und die Schillinge legten wir schnellstens in einer gehörigen Jause mit tröstendem Jagertee an.

Der Gamsbart, den ich mir von den prachtvollen Haaren hatte binden lassen, ziert, von Regen und Sonne schon ein wenig fuchsig geworden, einen meiner alten Jagdhüte. Jedesmal erinnert er mich an die schönen Tage im Salzkammergut und an den Feuerkogl.

Bergjägers Rucksack

Ich habe ja schon einmal in einer meiner Geschichten darüber „gejammert", was so ein „armer, geplagter Jäger" alles mit sich schleppen muss. Ein Flachlandjäger, der stets in überschaubarer Nähe seines Autos und wohlbekannter Örtlichkeiten jagt, der tut sich mit der Bestückung seines Rucksacks leicht. Alles, was notfalls erforderlich sein könnte, ist meist in erreichbarer Nähe. Doch der Bergjäger, der in einsamen Höhen und auch noch allein pirscht, fern aller Hilfe, der sollte für alle Möglichkeiten gerüstet sein. Das kann im Fall der Erlegung eines Wildes – was ja sein Ziel ist, bei jähem Wetterumschwung, Verletzung, Abkommen von bekanntem Weg ins Weglose und damit in Nacht und Finsternis sein.

Aus diesem Grund schleppe ich im Berg die im Falle eines Falles (auch das könnte man wörtlich nehmen) unentbehrlichen Dinge mit mir. Fangen wir mit dem schwersten Teil an: dem Lodenkotzen; dann das Spektiv, Sitzunterlage, Schweißriemen, Reepschnur, lang genug, um sich eventuell ein kurzes Stück abzuseilen, Bergeseil mit Schlepphaken, eventuell ein frisches Hemd, Kaschmirpullover, Brotzeit, auch für den Hund eine Kleinigkeit, Getränk, Taschenlampe, Spiegelreflexkamera, Flachmann, Notizbuch, Erste Hilfe-Set, Rettungs-Schutz-Decke, Zündhölzer und eine Trillerpfeife für den äußersten Notfall. Dann die kleinen Dinge, wie eine Filmdose mit einem getrockneten Bovist, um den Wind zu prüfen, Jagdkarte, Lesebrille, ein kleines Handtuch, das mir als Schweißtuch (nicht der Veronika) dient. Und da soll ich nicht jammern? Ich habe all diese Dinge, außer der Trillerpfeife irgendwann schon einmal brauchen müssen. Da war ich froh darüber und habe auch nicht mehr über die unzähligen Male gehadert, als ich sie nicht brauchte und nur mit mir trug.

Dazu behängt man sich noch mit Büchse, Fernglas und klemmt sich den Bergstecken unter die Achsel. Doch ich verdiene Ihr Mitleid nicht. Das ist es halt, was der Bergjagd eine zusätzliche Würze gibt. Doch wehe, wenn der „Fall X" eintrifft und zum Beispiel die Taschenlampe ihren Geist aufgibt, während Sie in schwarzer Nacht noch oben am Berg sind.

Wenn ich Ihnen jetzt eine Begebenheit erzähle, werden Sie verstehen, dass ich nun außer der Taschenlampe (mit Handschlaufe) noch eine Stirnlampe im Gepäck habe.

Es war während der Gamsbrunft. Mit dem Schnee war's noch nichts rechtes, wie das in den letzten Jahren so üblich ist. Dafür war's bitter kalt. Mit dem Jäger Martl war ich seit aller Herrgottsfrühe zum Schwarzkogl unterwegs. Unsere Pirsch führte uns hoch hinauf über die Baumgrenze und noch höher über die angrenzenden Latschenfelder unter die schroffen Gipfelwände des Zweieinhalbtausenders. Durch das schöne Wetter der vergangenen Woche war das Wild hoch hinaufgezogen. Schon am Vortag hatten wir vergeblich in den mittleren Lagen Umschau gehalten; nur in der Höhe sah man ameisenklein die schwarzen Wutzl umeinander teufeln. Dort war Bewegung, da war was los, da spielte die Musik.

So gegen die zwölfte Stunde gelangten wir auf einen Steig, der eben unter den steilen Wänden dahinführte. Immer wieder mussten Gräben und Rinnen durchstiegen werden; so kamen wir langsam an die am Vortag erschauten Gams heran. Um eine Felsnase biegend, sahen wir das Rudel auf äußerste Schussentfernung vor uns. Näher heran ging's nun nicht mehr, denn ein weites, freies Kar lag vor uns. Deckung bot nur ein stubenhoher Felsbrocken. Gut, wir hatten Zeit genug, um uns in aller Ruhe ein Gams herauszusuchen. Bock oder Gais, mir war es einerlei. Der Platzbock jedoch, der beim Rudel stand und der Reihe nach die Gaisen werbend umkreiste, das war

Hirschliefern mit dem Aluschlitten

Silva schaut nach den Feisthirschen

Der von der Hauswand

ein zukunftsfroher Sechs- bis Siebenjähriger. Weit geschwungen die hohe Krucke mit gutem Hakel und starken Schläuchen. Dazu prahlte er mit seitlich überhängendem Prachtbart. Aber halt noch zu jung. Auch nach einer Stunde Zuwartens wollte sich kein weiterer Bock suchend zugesellen, obwohl in der Ferne reichlich Bewegung beim Krickelwild zu sehen war. Eine einschichtige, abseits stehende starke Gais nahmen wir näher in die Linsen. Sie war nicht so kohlracklschwarz, wie ihre Genossinnen, sondern eher noch fahl gefärbt. Dabei war sie ungemein stark im Wildbret und schien auch anhand ihrer verwaschenen Zügel ein reiferes Alter zu haben. Plötzlich tat sie etwas Ungewöhnliches. An einem einsam stehenden Latschenboschen fegte und markierte sie wie ein Bock. Und dann stellte sie sich mit spärlich gesträubtem Rückenhaar hin und – bläderte. Das hatte auch der Martl noch nie gesehen. Aber sie war mit hundertprozentiger Sicherheit eine Gais. Alle Kennzeichen sprachen dafür, Spiegel, Krucke, der fehlende Pinsel. Sie musste ein Zwitter sein. Das war nun plötzlich eine besonders reizvolle Beute. Doch die Entfernung war teuflisch weit. Der Martl hatte einen Entfernungsmesser: „Zwoahundertachtzge. Geh' nur g'scheid hoach eini ins Ziel, nacha feit se nix!"

Doch diesen Fehler beim Schuss steil bergauf hatte ich mir nach ärgerlichen Fehlschüssen längst abgewöhnt. Ich kenne meine 243 zu gut und in diesem Fall ging ich mit dem Fadenkreuz genau hinters Blatt. Die Auflage passte, ruhig lag die Kipplaufbüchse auf dem Rucksack. Da es bergauf ging, spreizte ich mich mit den Füßen hangabwärts im Schotter ein. Genau in dem Moment, als mein Zeigefinger das gestochene Züngl berührte, rutschten mir die Füße weg. Der Schuss fuhr hinaus, ohne dass ich durchs Feuer schauen konnte.

„Teifi! Woach! Gschwind, schiass no amoi!", zischte aufgeregt der Martl.

Im gleichen Augenblick stob das Rudel davon, die Kranke mit sich reißend. Steine ablassend, verschwand die schwarze Schar im darunter liegenden Latschenmeer.

Herrschaftszeiten! Das war jetzt wirklich saudumm gelaufen. Nun hieß es erst einmal warten. Eine Stunde mussten wir ihr geben, dann wollte ich mit meiner BGS-Hündin Raika die Nachsuche machen. Der Jäger hatte seine Dachsbracken-Hündin nicht mit auf die Pirsch nehmen können, die war daheim geblieben bei ihren einwöchigen Welpen.

Nach der schneckenlangsam verstreichenden Wartezeit schauten wir uns erst einmal den Anschuss an. Dort fanden wir die Bestätigung – waidwund. Den Schweißriemen abgedockt. Ruhig zog meine erfahrene Raika auf der Wundfährte dahin. Bald ging's hinein in den Latschendschungel. Das ist eine gefürchtete Tortur. Die federnden Äste der Zundern zu übersteigen, dazu mit Gepäck und Hund am langen Riemen, das bringt einen auch bei großer Kälte langsam zum Kochen. Immer wieder verwies die Brave griesig-braunen Schweiß. Die Zweige peitschten mir den restlichen Altschnee ins Gesicht und in den Hals. Das war nicht so ganz die erwünschte Kühlung. Die Wundfährte ging abwärts. Nach etwa 200 m mühsam erkämpfter Strecke wurde der Schweißriemen schlaff und ich hörte meine Hündin die längst verendete Gamsgais beuteln. Nun, Gott sei Dank, sie war zur Strecke. Wir setzten uns erst einmal nieder und verschnauften. Allein ein kurzes Stück durch die Latschen zu balancieren, fordert einem einiges ab. Was sind dagegen 200 m Kriechgang durch eine Fichtenschonung. Aber eine solche Schinderei, das ist schon die rechte Buße für einen schlechten Schuss.

Über Rasten und Versorgen des Wildes verging eine ganze Weile, und wir achteten nicht auf den schwindenden Tag. Bis der Martl sich die Gais auf den Rucksack gebunden hatte, war es beinahe finster geworden.

„So, und wo geht's jetzt heimzu?"

„Ja, i denk da grod oba!"

„Was heißt, du denkst?"

Und jetzt gestand mir der Martl, dass er diesen Revierteil erst kürzlich zugewiesen bekommen hatte und sich hier nur recht oberflächlich auskenne.

Auf der Biberalp

Die Biberalp

Rechts ragt der Biberkopf hervor

Der Polinik – droben ist der Brunftplatz

Sicher, hinunter mussten wir, nur auf welchem Wege? Vorerst kämpften wir uns bergab aus dem Krummholzdickicht heraus. Im letzten Licht befanden wir uns vor einer steil abfallenden Wand und wieder im Freien. Hier ging's nun nicht weiter. Also zurück und oberhalb der Felswand wieder durch die Latschen gekämpft. Endlich hatten wir diese Wildnis überwunden. Vom Herweg kannten wir in etwa die Geländeverhältnisse. Nach dieser Felswand, über die es nur im Freiflug hinuntergehen konnte, schloss sich ein steiler, dicht bewachsener Hang an, der ungefähr sechs bis siebenhundert Meter bis zur Talsohle hinabreichte. An der Wand waren wir nun glücklich vorbei, wie wir im letzten Licht erkennen konnten. Und jetzt war es Nacht. Kein Mond, kein Stern schimmerte durch die dicke Wolkendecke. Nur weit im Westen noch ein letzter, blasser Schimmer. Vom Tal kein Licht, kein Anhaltspunkt, wohin wir absteigen könnten. Vorsichtig tasteten wir uns über die Kante in den Alpenwald aus Latschen, Weißerlen, Haselstauden, Fichten und Felsköpfen. Hier war es bald absolut „kuhranzennacht". Meine Taschenlampe beleuchte nur die nächsten Meter. Der Martl an meiner Seite hatte weder Beleuchtung, noch Erleuchtung, wie hier heil hinunter zu kommen sei. Meine Hündin hatte ich gar nicht erst an die Rucksackleine genommen. Das wäre in dem Astgewirr Blödsinn gewesen. Es war schon zuvor mit dem Schweißriemen schwierig genug gewesen. Die erfahrene Hündin war auch längst über das Alter der „Privatjagdl" hinaus.

Eine Zeitlang ging es ganz gut, so vorsichtig tastend Schritt für Schritt bergab. Plötzlich zog es mir die Füße weg, mich haute es rückwärts hin. Im Fallen hielt ich nur meine Büchse hoch, damit ihr nichts passiere, Bergstecken und Taschenlampe flogen im hohen Bogen davon; klappernd verschwanden sie in der Finsternis.

Na bravo!

Der Schein der Lampe war nirgendwo zu sehen. Kaum, dass ich meine Hand vor den Augen erkennen konnte.

„Was is' los, hast dir was broch'n?" kam Martls Stimme aus der Finsternis.

Irgendwo an meinem Oberschenkel fühlte es sich kühl an. Aha, ein kapitaler Riss in der Lodenhose. Luftkühlung von unten.

„Na, na, alles noch ganz, nur mein Stecken ist auch fort." Jetzt konnte ich nicht einmal mehr tasten mit des Bergjägers drittem Bein. Nach einigen mißglückten, weil zu riskanten Versuchen mit dem aufrechten Gang setzte ich mich auf den Hosenboden. Die Büchse hängte ich mir quer vor die Brust, da konnte ihr am wenigsten passieren. Dann, mit den Füßen vorfühlend, wo und ob es denn ungefährlich weiterginge, kam ich Meter für Meter voran. Den Martl hörte ich bilderreich fluchen und stolpern, also war er noch in meiner Nähe. Bald hatten wir ein System gefunden, nachdem er voraus mit dem Bergstecken wie ein Blinder den Weg erkundete, denn immer musste man mit einem jähen Absturz rechnen. Dazu konnte ich mich wieder aufrichten und dicht hinter ihm her tappen. Nach endloser Zeit hörten wir tief unten im Tal den Bach rauschen. Er hatte unseren morgendlichen Weg hinauf eine Strecke begleitet und wir wussten, dass neben ihm ein Steig führt. Da mussten wir hin. Wenn wir den Bach erreicht hatten, dann würden wir auch den Steig finden und dann ging's auch im Dunkeln talaus. Doch plötzlich ein Schrei, Ästerauschen, Zweigebrechen, Steine poltern – den Martl hatte es gelegt. Diesmal hatte sein Fluch besondere Würze und Länge. Und nun war auch sein Bergstecken dahin. Jetzt rutschten wir zu zweit und zumeist auf dem Hosenboden zu Tal.

Nach Stunden hatten wir den Bach erreicht und konnten uns – nun beide mit durchweichtem Hintern – endlich, endlich aufrichten. Dann gab's noch ein ungewolltes Fußbad, denn auch den Bach konnten wir mehr hören als sehen. Nachdem uns schon alles „wursch" war, durchwateten wir die munter zu Tal rauschenden Fluten. Glieder und Waffen waren heil geblieben. Den Gams hatten wir auch, was wollten wir jetzt noch

Zwei besondere Gamsböcke

Die Jagdfreunde mit dem Gamsbock

Über dem Feuerkogel

Zwei besondere Gamsböcke

Die Brücke über den Valentinsbach

Die zwei B´sonderen

mehr. Der Aufstieg hatte schon vier Stunden gedauert, aber dieser Abstieg, obwohl in der „Direttissima", hatte wesentlich länger gedauert. Es war kurz vor Mitternacht.

Seitdem steckt nun noch zuätzlich eine Stirnlampe in meinem Rucksack und die Batterien beider Lampen werden jährlich erneuert.

Oder meinen Sie, ich sollte noch eine Fackel einstecken?

Nebel

Von vorn gelesen, bin ich das Wichtigste für jedes Wesen
Und ohne mich hört sein Bestreben auf.
Werd' ich von hinten dann gelesen,
Verflucht mich jeder Jäger und muss mich nehmen doch in Kauf.

Die Tafel mit diesem Rätsel hängt in gotischer Schrift an der Vorderseite eines der schönsten alten Jagdhäuser in Gerstruben, oberhalb der Spielmannsau.

Wohl jedem Jäger hat der Nebel nicht nur eine Jagd oder einen Pirschgang vertan, und das musste er wohl oder übel in Kauf nehmen. Das Fluchen erleichtert, aber hilft nichts.

Ich ging auf einen Spielhahn. Allein. Im Vorjahr war ich mit meiner Frau auf der Zirbenalm im Lungau gewesen und wir hatten einen guten Hahn am 12. Mai geschossen. Ob Großer oder Kleiner Hahn, die meisten habe ich zufälligerweise an einem 12. Mai erlegt. Deshalb wurde dieses Datum von mir zum „Sankt Hahnentag" erklärt.

In jenem Jahr hatte das Frühjahr schon zeitig begonnen und wir konnten mit dem Auto bis vor die mitten im Hahnenrevier gelegene Hütte hinauffahren. Rupert, der Bauer, dem die kleine Eigenjagd gehörte, wies uns in die Grenzen des Reviers ein, zeigte, wo „in etwa" die Hahnen balzen sollten, fuhr wieder talab und überließ uns unserem Jagdinstinkt. Es war nicht schwer, einen guten Hahn zu finden. Ringsumher grugelte und blies es auf den Graten. Hahnen gab's genug.

In diesem Jahr fuhr ich ganz allein auf die Zirbenalm, meine Frau musste als Hundemutter daheim bleiben, denn unsere

Der letzte Bissen

Der Hahn mit der zer-
schossenen Schar

Die Zirbenalm

Blick von der Zirbenalm ins Tal

Cita hatte Welpen. Ein eigenes Gewehr hatte ich zu dem Zeitpunkt auch noch nicht, oder besser gesagt – nicht mehr. Durch einen Einbruch während unseres Skiurlaubs im Fasching waren wir komplett „entwaffnet" worden. Damals war leider noch keine Tresoraufbewahrung verpflichtend. Da ich mir keine Waffe „von der Stange" kaufen wollte, musste ich mich gedulden, bis meine neuen „Wunschbräute" fertig waren. Ein Telefongespräch mit dem Rupert klärte die Waffenfrage. Er könne mir seine Bockbüchsflinte leihen, die gewünschten Vollmantelpatronen hätte er auch. Mit einem Riesenrucksack, einem Tragl Bier und reichlich Proviant gondelte ich los. Als ich beim Rupert vorbeischaute, meinte er, dass heuer droben noch viel Schnee liegen würde. Er sei noch nicht auf der Hütte gewesen, und ich müsse mir eventuell den Eingang freischaufeln. Zu diesem Zweck gab er mir eine Schaufel mit auf den Weg. Dann überreichte er mir seine Waffe mit den dazugehörigen Patronen.

„Probeschuss brauchst kaan, schiasst eh guat, 100 m Fleck. Sowieso!"

„Und wo sind die Vollmantelpatronen?"

„Ah, brauchst eh koa, i hob a kaane do! Schiaßt hoit mit de Schret! Sowieso!"

Das war mir weniger recht, unmöglich, am Samstag Nachmittag noch passende Patronen zu bekommen. Vergiss es!

Er gab mir noch einen Rat: „Dro'm am Grot steht a Dure (dürrer Baum), do gehst hi. Do is no an oiter Schirm. Do hearst und sigst as guat! Sowieso."

Das „Sowieso" gehörte bei ihm, auch weil es so schön schriftdeutsch klang, zu jedem Satzende.

Im Tal war der Frühling schon voll eingekehrt. Die Wiesen leuchteten saftig buttergelb vom Löwenzahn, und das junge Laub leuchtete frisch und grün. Nur ein leichter Nieselregen trübte ein wenig meine Aussichten.

Die Auffahrt ging vorerst problemlos. Aber als ich Kehre um Kehre hinaufkletternd in die Höhe kam, war der fröhlichen Bergfahrt plötzlich ein Ende gesetzt. Der sulzige Schnee lag im schattigen Hohlweg noch zu hoch, für ein Auto gab's hier kein Weiterkommen. Links und rechts des Weges war's dagegen aper, nur wenige Schneeflecken lagen auf den Schattseiten. Da stand ich da mit meinem Biertragl und dem Riesenrucksack. Bis zur Hütte war es ein weiter und beschwerlicher Weg. Im Rucksack war eh nur das Allernotwendigste, und das war eine ganze Menge, da hatten nur noch zwei Flaschen drin Platz. Aber ich hatte ja Tee dabei, und Quellwasser ist eine Köstlichkeit. Unverdrossen stapfte ich los. Je höher ich stieg, um so tiefer wurde der sulzige Schnee. Bei jedem Schritt sank ich mit meinem zusätzlichen Gewicht ein. Schneereifen – ja, die hingen daheim schön an der Wand. Im Auto hätten sie ja leicht Platz gehabt. Aber wenn man nur ans Bier denkt! Bald war ich von innen wie von außen gut durchfeuchtet und dampfte wie ein Ackergaul. Nach zweieinhalbstündiger Steigerei hatte ich endlich die Hütte erreicht. Die schneefreien Almflächen verkündeten, übersät von weißen und violetten Krokussen, den lang ersehnten Frühling. Der Hütteneingang war, wie befürchtet, von einer meterhohen Schneewechte versperrt. Ach ja, die Schaufel! Die lag schön brav im Auto. Noch mal zurück? Ich fand hinter der Hüttenwand ein altes Brett. Mit diesem gelang es mir, mühevoll einen Gang zu graben, sodass ich die Türe öffnen konnte. Dann stieß ich Läden und Fenster weit auf und lüftete die eingewinterte Hütte.

Inzwischen hatte der Nieselregen aufgehört und das Blau des Himmels zeigte sich. Herz, was willst du mehr! Rucksack auspacken, Mausdreck hinauskehren, einheizen, bis die Herdplatten glühen, damit die klamme Feuchtigkeit hinausgeht. Dann machte ich erst einmal ausgiebig Brotzeit. Einen Probeschuss wollte ich dennoch machen. Wer weiß, wie der Rupert durchs Rohr schaut. Und tatsächlich, die Waffe hatte auf hundert Meter 5 cm Hochschuss. Da ist die Kugel schnell über solch kleines Ziel hinausgezwitschert.

Was hatte der Rupert gesagt? Bei der alten Dure, der vor Jahrzehnten abgestorbenen Zirbelkiefer, da sollte ich mich hinhocken. Die kannte ich vom Vorjahr noch nicht. Wenn ich auf den Grat hinaufgehe, meinte er, dann würde ich sie schon sehen. Aber auf welchen Grat? Die Alm lag in einem weiten Kessel. Da waren ringsum Grate. Nun, das wollte ich mir noch heute Abend anschauen.

Bis auf die Höhe des nächsten Bergrückens brauchte ich nur knapp eine Stunde. Dann würde ich schon sehen. So dachte ich. Als ich droben war, da gab es viele alte abgestorbene Bäume, doch eine mächtig aufragende Dure, wie sie mir der Rupert beschrieben hatte, sah ich nicht. Der Ausblick hier heroben war so wunderbar, dass ich mich im Dämmer des langen Tages erst einmal hinhockte. Unter mir wallten die Nebel. Das Tal war im dichten Wattebausch verschwunden. Ich bedauerte die Menschen, die jetzt drunten im Nebel sitzen mussten, während ich nach der Schinderei des Aufstiegs in freier Höhe weit über die Gipfel schauen konnte. Über mir war der Himmel inzwischen wolkenlos geworden, das Wetter würde schön werden.

Ich machte mich auf die Suche nach der ominösen Dure und stieg weiter über Gräben und gratartige Rücken. Immer nach dem Platz für den Morgen ausschauend, hatte ich lange nicht mehr nach unten geblickt und plötzlich stand auch ich in der dichten Waschküche. Der Wetterumschwung hatte den Nebel heraufgedrückt, und jetzt war ich in Watte gepackt. Wie eine ansteigende Flut war das weiße Meer heraufgeschwappt. Und nun war Dreck Trumpf. Wo geht's zurück zur Hütte? Durch mein kreuz und quer Gehen durch immer andere Gräben und Bergrücken hatte ich in der Milchsuppe völlig die Orientierung verloren. Bei guter Sicht wär's kein Problem gewesen, ich hätte mich an den Berggipfeln rings umher leicht orientieren können, um so zur Hütte zurückzufinden. Aber jetzt betrug die Sicht keine fünf Meter. Langsam versuchte ich meinen Herweg zurück zu buchstabieren. Doch nach einer Stunde, es war durch den Nebel schon vorzeitig finster geworden, stand ich vor einer ebenen Felswand. Ich sah ein, dass es jetzt das Gescheiteste wäre, nicht noch weiter in die Irre zu gehen.

Ein wenig weitertappend, sah ich eine zusammengefallene Heuschinde. Die hatte ich beim Herweg nicht gesehen. Aber jetzt kam sie mir recht. Hier wollte ich ausharren, bis sich die Nebel aufgelöst haben und der Mond – wir hatten fast Vollmond – mir den Weg weisen würde. Doch da draus wurde nichts. Ich musste mich für die Nacht einrichten. Aus den Brettern der alten Hütte baute ich mir einen notdürftigen Windschutz. Und dort machte ich es mir „bequem".

In den Lodenkotzen gehüllt, ohne den ein Bergjäger „nicht einmal vor die Haustüre" geht, war's vorerst ganz erträglich. Jedoch nur kurze Zeit. Der schneidende Wind, der den Nebel heraufbrachte, war unheimlich kalt. Ganz klein machte ich mich, sogar den Rucksack hing ich mir über die Brust. Ich dachte an die warme Hütte und meinen Proviant, den ich heraufgetragen hatte. Die Mäuse würden sich ein Fest machen. Besonders froh war ich, dass meine Frau diesmal nicht mit dabei war. Sie würde jetzt Himmel und Hölle in Bewegung setzen vor Sorge, dass mir etwas Ernstes passiert wäre.

Die Stunden krochen schneckenlangsam dahin. Der Wind hatte nachgelassen. Von unten, vom Hochwald her, hörte ich die Waldkäuze juchen und johlen. Ansonsten Stille, geradezu greifbar. Ab und zu stand ich auf, um mich mit Bewegung zu wärmen. Das schien mir nicht unbedingt die vielbesungene „lauschige Maiennacht" zu sein. Der Morgen war noch weit, die Nacht dehnte sich endlos. Irgendwann muss ich jedoch eingeschlafen sein. Als ich erwachte, stand der fast volle Mond verschleiert hoch über dem Nebelmeer. Der Nebel wirkte dadurch noch dichter und undurchdringlicher, etwa so, wie wenn man bei einer Nebelfahrt das Fernlicht einschaltet. Die Zeiger meiner Uhr schienen sich nicht zu bewegen. Und auf einmal sah ich Sterne über mir aufblinken. Die Schleier lösten sich auf. Der aufkommende Morgenwind nahm sie wie einen Vorhang mit sich fort. Die Welt war wieder klar.

Was wäre gewesen, wenn ich damals schon ein GPS gehabt hätte? Ich hätte die Position der Hütte eingegeben und wäre dann, Nebel hin – Nebel her, schön schnurstracks heimmarschiert. Doch ich wäre ärmer um das unvergessliche Erlebnis einer ganz besonderen Maiennacht. Die Technik hat längst totalen Einzug in unsere Jagdausrüstung genommen. Sie macht uns auch zu ihren Knechten und raubt eigene Ideen auf dem Weg zum Ziel. Vielleicht gibt's in ferner Zukunft eine lasergesteuerte Patrone, die den Weg von alleine findet. Man braucht dann nur noch die Waffe so in etwa auf das Wild zu richten. Es gibt ja schon superlichtstarke Zielfernrohre, die einen Schuss bei Sternenlicht ermöglichen, es gibt schon Superweitschussbüchsen plus mitrechnendem Zielfernrohr. Alles „super". Wo bleibt dem Wild da noch eine Chance? Jägerische Qualitäten werden verkümmern. Ähnlich wie es mit dem hilfreichen „Navi" geht. Viele werden da das Kartenlesen verlernen, oder haben's schon verlernt.

Als das erste Grau die Umrisse der Berge zeigte, meinte ich von ferne einen Hahn grugeln zu hören. Jetzt wollte ich noch sitzen bleiben, bis es voller Tag geworden war. Das Kollern des Hahns war weit weg, doch hier heroben blieb alles still. Nur das Rotkehlchen, der Frühaufsteher unter den Vögeln, meldete sich. Und dann rief von irgendwoher der Kuckuck. Der Tag begann. Nun schälten sich mir bekannte Bergrücken aus dem Dunkel der scheidenden Nacht, und ich wusste mit einem Mal, wie ich zurückfinden würde. Und auch die gesuchte Dure sah ich jetzt. Sie stand auf einem weit entfernten Grat. Da hätte ich noch lange suchen können.

Langsam, immer wieder stehen bleibend, um zu lauschen, machte ich mich auf den Rückweg. Bald stand ich unter den weiträumigen Lärchen der oberen Baumgrenze. Sie zeigten schon das erste zarte Grün. Da hörte ich wieder den Hahn. Jede Deckung ausnutzend, pirschte ich in seine Richtung. Und dann sah ich ihn. Hoch im Geäst eines mehrhundertjährigen Lärchbaums stand er in der Sonnenbalz.

Wie komme ich da heran? Uns trennten noch gut zweihundert Meter, an einen Kugelschuss war noch nicht zu denken. Der Boden war von Almrosensträuchern bedeckt und lud mich zum Kriechgang ein. Der Hahn hielt aus. Prachtvoll stand sein Umriss gegen den rosenfarbenen Morgenhimmel. Seine stahlblaue Brust schimmerte im ersten Tageslicht. Die langen Sicheln seiner Schar ließen mein Blut schneller fließen. Auf hundert Schritt kam ich heran, dann erschien mir das Risiko zu groß, dass er mich eräugte. Da ich ohnedies schon lag, hatte ich, an einer Baumwurzel auflegend, ein gutes Zielen. Klar und ruhig stand das Fadenkreuz auf seinem Schwingenansatz. Doch halt! Im letzten Moment fiel mir der Hochschuss ein. Also ging ich jene fünf Zentimeter tiefer ins Ziel. Der Schuss brach mit rollendem Echo, und in einer Federwolke stürzte der Sänger von seiner hohen Warte. Federwolke? Was hatte das zu bedeuten? Hatte die 7 x 64 so gehaust? Ich fand diese Kugel zum Spielhahnjagern ohnehin wenig geeignet, doch hier hatte ich keine Wahl. Als ich den Spielhahn aus den Almrosenboschen hob, stockte mir das Herz. Die linke Schar war völlig zerfetzt, ebenso sein Leib. Er war total ausgenommen. Wie betäubt musste ich mich erst einmal setzen. Wie war so eine Wirkung möglich? Doch da fiel mein Blick auf einen am Boden liegenden, abgeschossenen Zweig. Das Geschoß hatte sich vor dem Auftreffen zerteilt und war wie ein Schrapnell auf den Hahn getroffen. Ich brauchte lange Zeit, um den Ärger zu verwinden. Doch dann tröstete ich mich mit dem Gedanken, dass ich ihn eh nicht als Stilleben präparieren lassen wollte. Wie meine anderen Hahnen nur als „Stoß und Stingl". Doch mit nur einer halben Schar, als „Halbschariger"?

Zunächst trug ich ihn hinab zur Hütte. Ich legte ihn auf dem verwitterten Tisch vor der Hütte so hin, dass man die Verwüstung nicht sehen konnte. Mit einem Almrosenzweig als Letzten Bissen, mit seinen hochaufgeschwollenen, leuchtendroten Balzrosen und seiner stahlblau glänzenden Brust war er heute, hier und jetzt so schön, wie es kein Präparat jemals sein könnte.

Dann gönnte ich mir ein ausgiebiges Frühstück mit meinen mitgebrachten Schätzen. Die Mäuse waren gnädig gewesen und hatten nur meinen Käse gehörig angeraspelt. Den habe ich ihnen aber vergönnt.

Diesen Tag blieb ich noch auf der Hütte, freute mich an meinem Spielhahn und ging am nächsten Morgen, das heißt, noch im Finstern, hinauf zur Dure. Jetzt wusste ich ja, wo sie steht. Ich hatte friedvoll verzauberten Anblick von vier Hahnen ganz in meiner Nähe. Es war sehr entspannend, so ganz ohne „böse" Absicht ihnen zuzuschauen.

Am Mittag machte ich die Hütte dicht. Zuvor bekam das „Kasermanndl", der Hüttengeist, noch seine Opfergabe. Früher hatte ich immer auf den Hütten beim Verlassen dem Kasermanndl ein Radl Wurst oder eine Käserinde hinterlassen. Doch dieser Opfergabe nahmen sich dann unerlaubterweise stets die Mäuse an. Inzwischen bekommt der Hüttengeist einen Schluck Enzian als Dank fürs gastliche Dach. Ich glaube nicht, dass er deswegen zum Alkoholiker wird.

Nach dieser Handlung – sagen Sie ja nicht, ich sei abergläubisch – fuhr ich hinab zum Rupert. Als der die ganze Geschichte gehört hatte, war sein einziger Kommentar: „Jo, host'n eh kriagt, sowieso!"

Den Hahn habe ich nicht präparieren lassen. Seine Brust haben wir, nachdem wir sie ein wenig mariniert hatten, gebraten. Sie war ausgezeichnet, ganz entgegen anderen Erzählungen über Rezepte, deren Ergebnis sei, das Ganze dann nach langer, sorgsamer Zubereitung dem Hund zu geben.

Die übrig gebliebene Schar mit den vier breiten Krummen ziert noch immer meinen alten Jagdhut. „Sowieso!"

* * *

Vor unserer Haustüre liegt der Ebersberger Forst. Einst königliches Jagdrevier, ist er heute, allerdings erst nach erfolgreichen Protesten der Bevölkerung, immer noch Heimat eines noch ganz passablen Rotwildbestands. Bitte Betonung auf „noch"! Vor allem Sauen, Sauen, Sauen. Zur Zeit des folgenden Geschehens zog ebenfalls ein sehr guter Bestand an Muffeln dort seine Fährte.

Zeitgleich mit seinem Dienstbeginn im Ebersberger Forst traf ich mit Konrad Esterl zusammen. Es brauchte nicht viel, um zu erkennen, dass das ein ganz außergewöhnlicher Jäger ist. Im Laufe der Jahrzehnte, in denen ich in vielen Revieren mit Berufsjägern gejagt habe, kann ich Vergleiche ziehen. Sicher, mir begegneten unter denen etliche tadellose und ganz hervorragende Männer. Aber hier kam noch etwas hinzu – die gleiche Wellenlänge. Wir sahen uns, und es war wie das berühmte „Aha-Erlebnis". In ihm verkörperte sich all das, was mir vorschwebte – ja, so sollte ein Jäger sein. Und noch etwas ganz Seltenes hatte er an sich: den „aufrechten Gang"! Hinzu kamen noch seine Musikalität – und – die Schweißhunde.

Früh geprägt durch einen Schweißhund, den meine Familie hatte, als ich noch ein kleiner Bub war, schwelte in mir immer die Sehnsucht nach dem „Roten Hund" mit der samtschwarzen Maske. Als ich nun, nach dem Verlust meines Niederwildreviers, ganz zum Hochgebirgsjäger geworden war – mein letzter Kurzhaar war gerade in die ewigen Jagdgründe gegangen –, rückte die Verwirklichung des Wunsches in greifbare Nähe. Durch die Fürsprache von Konrad Esterl bekam ich nun als BGS-Clubmitglied einen Welpen. Mit Konrads helfendem Rat konnte ich die Hündin in seinem Revier im Ebersberger Forst abführen. Das schmiedet zusammen.

Dabei begegnete mir immer wieder Muffelwild, darunter einige ganz beachtliche Widder. Meine Eingabe um Abschusserlaubnis war reine Formsache, und bald rückten wir zusammen aus.

Es war Ende des Nebelmondes November und der Wald hallte vom Krachen und Knallen der aufeinandertreffenden Schnecken der kämpfenden Widder. Schon im Finstern saßen der Konrad und ich auf einer Kanzel im Muffelgebiet. Alle

Wildarten hier haben bevorzugte Einstände. Es gibt regelrechte Rehwildecken, wo man weniger das Rotwild antrifft, und umgekehrt. Selbst die sonst weit umher strabanzenden Sauen haben auch ihre Lieblingseinstände.

Eingehüllt in unsere Lodenkotzen warteten wir auf das erste Büchsenlicht. Im Wald lagen vielerorts noch Schneeflecken, da es schon einen vorwarnenden Wintereinbruch gegeben hatte. Immer wieder zogen schleichende Nebelschwaden durch den Hochwald und hüllten minutenlang Baum und Strauch ein. Als es helllichter Tag geworden war, der Hase vom Dienst war schon wieder in seine Sasse eingerückt, zockelte ein Hochzeitszug – anders kann man's nicht nennen, durch den Wald. Voran ein brunftiges Schaf, hintendran drei, vier Widder. Einer von ihnen war gut jagdbar mit seinen fast voll gerundeten Schnecken.

„Gerd, den packst!" raunte der Konrad mir zu. Und angstvoll: „ Schiaß mer ja koan Vakehrt'n!"

Das war jedoch gar nicht so einfach. Der Hochzeitszug führte ständig in Kreisen und Girlanden um die Stämme herum, ohne Halt, ohne Punkt und Komma. Mal waren sie näher, mal weiter entfernt. Der Lauf der gestochenen Kipplaufbüchse mit der 30/06 folgte ständig der Karawane, doch bei jeder Gelegenheit zum Schuss auf den Starken stand ein anderes Stück in der Gefahrenzone. Und dazwischen immer wieder Nebelrauch, der die Bühne zeitweilig verhüllte. Und ständig jammerte der Konrad: „Schiaß mer ja koan Vakehrt'n!" Was musste der Ärmste schon alles mit Jagdgästen erlebt haben!

Endlich, ein sekundenkurzer Halt der Hochzeiter, der Schuss gellte hinaus in den Dom des Hochwaldes, der Nebel fiel ein und die ganze Bande stürmte hochflüchtig über ein kleines Schneefeld davon. Das geschah in Sekundenbruchteilen. Dann verhüllte der weiße Vorhang die gesamte Bühne des Geschehens.

„Au weh!" Das gibt eine Nachsuche! Zunächst blieben wir erst einmal hocken.

„Wia bist denn obkemma?"

„ Gut, kurz hinterm Blatt bin ich abgekommen."

Als der Nebel sich verzogen hatte, wies ich den Konrad zum Anschuss ein, oder besser gesagt, dorthin, wo ich ihn bei dem Nebelreißen vermutete.

Er fand keinerlei Pirschzeichen. Dann ging er zu der kleinen Schneefläche, auf der sich die Fährten der Muffel gut abzeichneten. Kein Schweiß!

„Jetzt tean mir erscht amoi g'scheit frühstücken!"

Wir fuhren zu Konrads Dienstbehausung, der Laubeckhütte. Er hatte sie sich, da ihn immer die Sehnsucht nach seinen geliebten Bergen plagte, wie eine kleine Almhütte hergerichtet. Alles blitzsauber, sogar Geranienstöcke prangten im Sommer vor den Fenstern.

Nach ausgiebigem Brotzeiten schlupfte der Konrad in seinen bewährten Nachsuchen-Overall. Da konnte weder Schnee noch Tannennadel beim Kriechen durch die Dickungen hineinfallen. Den Anschuss hatten wir bereits ergebnislos kontrolliert, also ließ er seine brave, erfahrene „Drixl" am langen Schweißriemen vorsuchen. Ich stand mittlerweile in der Nähe des vermuteten Anschusses, und die zwei verschwanden in der angrenzenden Dickung.

Mir einen Baumstumpf zum Hinsetzen suchend, fiel mein Blick – ich konnte es kaum fassen – auf den kaum zehn Meter neben mir liegenden, längst verendeten Widder.

Schnell rief ich, die Hände zum Trichter formend: „Toot! Toot!" in die Richtung, in der das Gespann verschwunden war. Zum Glück hörte der Konrad noch meinen Ruf und stand bald darauf neben mir. Wir konnten nur den Kopf schütteln.

„Der Bluats Nebel!" erleichterte sich der Konrad. „Der hat uns sauber ausgetrickst!"

Der Widder war im Schuss – er saß genau da, wo ich ihn hingezielt hatte –, ohne auch nur noch einen Schritt zu machen, in der Fährte zusammengesackt. Mit eingeknickten Läufen lag er da, als wenn er sich niedergetan hätte. Wenn er umgefallen wäre, dann hätten wir unbedingt die weiße Bauchdecke sehen müssen. Aber im diffusen Licht des nebligen Hochwaldes sind wir nur wenige Meter am verendeten Wild vorbeimarschiert.

Es war ein wahrlich guter Muffel. Der Konrad hat ihn dann für die Bewertung ausgepunktet. Ich habe aber die Punktzahl vergessen, sie hat mich nicht sonderlich interessiert. Dabei bin ich keineswegs abgeneigt, wie es scheinen könnte, eine besonders starke Trophäe zu erlegen. In uns Jägern steckt ja noch von Urzeiten her ein starker Anteil des Sammlers. Da möchte man auch der eigenen Sammlung gern ein besonders starkes Stück einverleiben. Nur sollte es nicht zum alleinigen Sinn und Zweck der Jagd werden. Dann ist da an der Sache was faul.

Nun, wir haben dann auf der Hütte meine Frau angerufen, berichtet und um Brotzeit-Nachschub gebeten. Denn „der Jager und sei Hund, die fressen alle Stund!"

Zu zweit haben wir den gerecht gestreckten Widder vor der Jagdhütte verblasen: „Rund ist die Schneck, g'sattelt die Deck, weiß ist der Bauch, Spiegel ja auch. Er färbt mit seinem Schweiß das Laub so rot…"

Mit dem Muffelwild im Ebersberger Forst ist es nun vorbei. Mit fadenscheinigen Argumenten hat man der Bevölkerung erklärt, es sei kein heimisches Wild, also müsse es weg. Die Muffel hätten außerdem Moderhinke und auswachsende Schalen. Alles nur Vorwand zum Ausrotten mit Beschönigung. Fragen Sie den Fachmann, Wildmeister Konrad Esterl, der mit dem Wild gelebt hat, was an der Geschichte wahr ist!

Nach dem Verschwinden des letzten Muffels gab's aber weder einen Schweigemarsch noch eine Lichterkette wie nach dem Hinscheiden des ach so putzigen Bären Bruno. Wenn dem doch so gewesen wäre – ich muss das wohl glatt verpasst haben.

Weh dir, wenn du kein Kuscheltier bist, dann kann man die Leute aus dem 10. Stockwerk, „die sich mit der Natur auskennen" und heute als „die Fachleute" Zielgruppe der Medien sind, nicht für dich mobilisieren!

Es ist eine fatale Eigenschaft vieler Politiker, dass sie bestimmen, wer und was bei uns Lebensrecht hat. Wir kennen das zur Genüge aus unserer bisweilen leidvollen Vergangenheit. Da gibt es Rotwildzonen, die – verdammt noch mal – vom Rotwild auch gefälligst einzuhalten sind, sonst knallt's! Und wehe, wenn sich ein Gams im Wald zeigt, dann ist's ein Waldgams – dann knallt's! Was sich droben in der Felsregion an Tourenskifahrern und Bergwanderern abseits der Pisten und Wege tummelt – wen interessiert's außer die g'spinnerten Jäger.

Jetzt hängt die wohlgerundete Muffelschnecke an meiner Wand, fast schon wie ein Fossil aus lang vergangenen Tagen, und erinnert mich an den vom Nebel regelrecht verschluckten Widder.

* * *

Es war ein anderes Jahr, und es war November – Gamsbrunft. Zu dritt fuhren wir über den Tauernpass in den Lungau – Robert, Pit und ich.

Der Robert, ein bewährter Freund, der bei unseren Jagden als Treiber mitging, verstand inzwischen eine ganze Menge von der Jagd. Überdies schätzte ich ihn als berggewohnten Begleiter im oft haarsträubend steilen Gelände der Lungauer Berge.

Zum Pit kam ich wie die Jungfrau zum Kinde. Ein lieber, väterlicher Freund rief mich eines Tages an und bat mich um einen Gefallen. Sein Geschäftsfreund, eben dieser Pit, sollte von seinem Heimatort Münster nach München versetzt werden. Da er auch Jäger sei und in München keinen Menschen kenne, sollte ich mich seiner annehmen. Weil ich meinen Freund gut kannte, wusste ich, dass mir da kein faules Ei ins Nest gelegt würde, und wollte mich gerne des Heimatlosen annehmen.

Bald traf ich mich mit dem in den Süden verpflanzten Nordlicht. Ein elend langer, elend dünner, blonder Lulatsch, ein sogenannter „Knochengott", erwartete mich am vereinbarten

Treffpunkt. Ich fand, dass man sich am besten auf der Jagd kennen lernen würde, und nahm ihn gleich mit ins Revier. Rasch merkte ich, dass er eine gute jagdliche Ausbildung genossen hatte, und nach einigem Beschnuppern wurde er in unser Niederwildrevier als Mitjäger aufgenommen. Er entsprach ganz dem Klischee, das ich mir von einem Westfalen gemacht hatte: zuverlässig, pünktlich, dass man die Uhr nach ihm stellen konnte, sparsam mit Worten und Emotionen, immer durstig und sturköpfig. So sturköpfig, dass dagegen unsere dickköpfigen Dackel nachgiebige Weichlinge waren. Wenn er sich einmal etwas in den Kopf gesetzt hatte, dann halfen die besten Argumente keinen roten Heller. Dann sagte er nur: „Ich moch nich!" Punkt! Aus! Amen!

Wenn ich ihn brauchte, war er immer zur Stelle, und wenn's morgens um zwei war. Mit einem Wort: ein wahrer, selbstloser Freund. Als ich einmal wochenlang im Ausland weilte und mein junger Schweißhund schwer an der Bauchspeicheldrüse erkrankte, stand er meiner Frau zur Seite. Jeden Tag, eine ganze Woche fuhr er sie mit dem Hund 200 km zu einem speziellen Tierarzt zur Verabreichung der Infusion.

Mit seiner Dickköpfigkeit erlebte ich im Laufe der vielen Jahre, in denen wir zusammen gejagt hatten, die tollsten Dinge. Auf der Jagd war er gewissenhaft und absolut zuverlässig. So zuverlässig, dass wir ruhigen Gewissens unseren Schweißhund bei ihm lassen konnten, als wir in späteren Jahren eine lange Auslandsreise machten. Die Hündin hätten wir niemand anderem anvertraut.

Meine Gamsjagerei hatte ihn angesteckt, und so nahm ich ihn mit in den Lungau.

Unser erster Halt war, wie immer beim Tierarzt Dr. Noggler, der neben seiner Eigenjagd auch die Genossenschaftsjagd verwaltete, auf der ich seit Jahren als Gast mitjagte. Der Doktor wohnte in einer herrschaftlichen Villa mit einem imposanten Treppenaufgang zu seiner Praxis. Die Wände beiderseits der Treppe bedeckten dicht an dicht Präparate von „Stoß und

Stingl" des Großen und des Kleinen Hahnes. Am Treppenab-
satz blickten einen Murmeltiere an, die gerade aus einem Fel-
senbau schloffen. Der joviale Mann, eine imposante Erscheinung mit einem glattrasierten Charakterkopf, wies uns diesmal
als Jagdgebiet seine Eigenjagd im Nachbartal meines bisheri-
gen Wirkens zu. Als Pirschführer sollte uns der Erder Hardl
begleiten. Den Hardl (Leonhard) kannte ich bereits vom Spielhahnjagern als angenehmen und ruhigen Bergkameraden.

Nachdem wir den Hardl abgeholt hatten, der uns auf seinem
elterlichen Hof erwartete, fuhren wir, so weit es ging, in das Tal
hinein und begannen, bepackt mit unseren prallen Rucksäcken
den zweieinhalbstündigen Weg hinauf zur Hütte. Es ließ sich
gut steigen, denn nach einem kurzen Wärmeeinbruch lag in
den tieferen Lagen kein Brosamen Schnee mehr, während die
Höhen schon tiefer Schnee bedeckte.

Das Jagdhaus steht auf einem schmalen Absatz des schroffen
Berges. Rings um die Hütte ist wenig Platz, wenige Meter vor
dem Eingang geht es steil in die Tiefe. Selbst der Steig zu ihr
hinauf grenzt auf der letzten Strecke hart an den Abgrund. Auf
der Rückseite des Jagdhauses führt ein bequemer Pfad über
die Bergflanke ins Gamsgebiet.

Angekommen, ließen wir unsere schweren Rucksäcke an der
Hüttentür aufatmend von den Schultern gleiten. Der Tag ging
bereits zur Neige, sodass an eine Gamspirsch nicht mehr zu
denken war. Bald loderte ein prasselndes Herdfeuer.

Wir richteten uns gemütlich ein und ließen uns vom Hardl
ein wenig über das Revier erzählen. Gams wären genug da,
nur Hochwild, wie hier das Rotwild genannt wird, herzlich
wenig, die teilweise extrem steilen Hänge sind eher Gamsgebiet. Spielhahnen gäbe es überall auf der Schneid und in den
tieferen Lagen mit ihrer Beerenäsung einen guten Bestand an
Auerwild.

Der Abend verging mit Erzählen, und bald krochen wir in
unsere Betten, denn am Morgen wollten wir früh auf den Läufen sein.

Doch groß war die Enttäuschung, als wir beim ersten Tagesgrauen wirklich nur Grau sahen. Undurchdringlicher Nebel hüllte Hütte, Berge, Wege, Baum und Strauch ein. Der „Gamshüter" machte seinem Namen alle Ehre. Da half nur eines: Geduld. Wir frühstückten erst einmal ausgiebig. Es fehlte nur die Morgenzeitung. Die wurde ersetzt durch unsere Jagdgeschichten, die wir aus dem Schatz der Erinnerungen herauskramten. Immer wieder ging einer hinaus und kam stets mit dem gleich trüben Wetterbericht zurück: Alles in Watte.

Da wurden dann die Spielkarten herausgeholt, die auf jeder Hütte, mehr oder weniger klebrig, in einer Schublade auf schlecht' Wetter warten. Pit konnte nicht Schafkopfen, wir zwei dagegen Skat, worin, wie sich's zeigen sollte, der Pit ein Meister war. Der Hardl war zum Zuschauer verdammt. Dazu tranken wir Tee und immer wieder Tee. Der Pit hatte sich eine Flasche 90%igen Rum gekauft, damit „besserte" er sein Gebräu auf. Es wurde später Vormittag, es wurde Mittag – immer noch dicke Nebelsuppe. Der Pit mit seinem Spiel nervte uns fürchterlich. Immer wenn einer von uns ein besonders gutes Blatt hatte und er meinte, jetzt käme das große Spielerglück, dann krähte der Pit fröhlich: „Nülleken!" Das ist, dem Skat Unkundigen sei es gesagt, ein Null-Spiel, bei dem der Spieler möglichst keinen Stich machen darf. Und dazu trank er seinen immer stärker „verbesserten" Tee. So ging es weiter bis zum Abend. Nur unterbrochen vom Brotzeiten. In der Rumflasche sank der Pegel bedenklich tiefer, und die „Nülleken" nervten uns immer mehr.

Ganz unvermittelt schmiss der Pit die Karten hin mit den Worten: „Ich muss jetzt sofort runter zum Auto, meine Frau liegt daheim am Boden, sie hat eine Fehlgeburt, sie verblutet!"

Wir schauten uns an. „Der spinnt doch jetzt!" Beruhigend redeten wir auf ihn ein, wie auf ein scheues Pferd: „Das kann gar nicht möglich sein, deine Frau ist doch gerade erstmal schwanger!" Alle Argumente halfen nichts. Ich ahnte Schlimmes, denn ich kannte meinen Pit.

Plötzlich sprang er auf, lief strumpfsockig zur Tür: „Ich muss sofort los, die Frau verblutet, ich muss los!"

Ich stellte mich vor die Tür, die man von innen nicht absperren konnte, und rief den Freunden zu: „Los, haltet ihn auf, der geht wirklich!" Doch die zwei lachten nur.

„So helft mir doch, wenn der aus der Hütte kommt, fällt er sofort die Felswand hinunter in den Tobel, da kennt der kein Halten!"

Da packte mich der Pit und wollte sich den Weg frei räumen. Ich rang mit ihm, warf ihn zu Boden und rief die Freunde nochmals um Hilfe. Doch die lachten, lachten, dass sie sich die Seiten halten mussten: „Nein, ihr zwei Ringkämpfer, ihr seid zu komisch!"

„He, ihr verdammten Kerle, lacht nicht so blöd, helft mir lieber, der haut wirklich ab!"

Es war nicht möglich, die zwei zu überzeugen, dass es höchst gefährlich war. Lang konnte ich diesen Burschen nicht mehr halten. Er hatte die Kraft eines Menschen in Panik, und so einer, der nur aus langen Armen wie Dreschflegel und Haxen wie Bohnenstangen besteht, ist schlecht zu packen. Jetzt bekam ich Angst. Die zwei Lacher waren unfähig zu helfen. Den Ernst der Lage verkannten sie völlig – sie kannten den Pit nicht. Wir rollten in der Stube umher, mal zum Tisch, mal zum Ofen. Langsam erlahmten meine Kräfte. Da sah ich am Herd den Stapel von Brennholz. Langsam entglitt mir der Tobende und wollte, sich aufrichtend, zur Tür hinaus – da nahm ich in meiner Not ein Holzscheit und knallte es ihm beherzt auf den Hinterkopf.

„Krack!" Da lag er und rührte sich nicht mehr. Jetzt war den Freunden das Lachen vergangen.

„Um Gott's Willn, den host derschlog'n!"

„Geh, ihr zwei Deppen, so schnell geht das auch nicht, so ein Westfale hat einen harten Schädel!" Dennoch bekam ich Angst. Ich fühlte nach seinem Puls. Selbstverständlich lebte er noch.

Ich bin kein Fisch von Geblüt und ließ jetzt meinen Zorn an den Beiden aus. „Was glaubt ihr zwei Helden, was passiert wäre, wenn der mir ausgekommen wäre? Dann könnten wir ihn unten in der Schlucht zusammenklauben. Der wäre doch sofort im dichten Nebel vor der Hütte in den Abgrund gestürzt und hätte sich zu Tode gefallen!" Ich bebte vor Wut. „Ich kenne doch den starrgrindigen Pit! Wenn der sich was in seinen harten Schädel gesetzt hat, dann zieht er das gnadenlos durch!"

Langsam verebbte meine Wut. Gemeinsam verfrachteten wir den schlaffen, betäubten, langen Lulatsch hinauf in sein oberes Stockbett. Dann setzten wir uns erschöpft nieder. Auf diesen Schreck musste ich mir einen Enzian genehmigen. Der Abend war noch lang, wir holten andere Karten aus der Schublade und spielten „Watten". Ganz vertieft in dieses, den Mindest-IQ 13 verlangende Spiel, riss uns ein dumpfer Knall von den Stühlen: Der Pit war aus dem Stockbett gefallen! Von oben herunter! Auch das noch!

Da lag er, hingestreckt wie erschlagen. Sogleich erblühte an seiner Stirne eine veritable Beule. Die Sache bekam Symmetrie. Am Hinterkopf eine – vorne eine. Wir hoben den Ärmsten diesmal ins untere Bett. Dort konnte er sich in seinen unruhigen Träumen gefahrlos hin und her wälzen. Es ist rätselhaft, welch sonderbare Schaltungen im Gehirn stattfinden, wenn man einen „im Tee" hat. Es kommt jedoch mit Sicherheit darauf an, was man in den Tee tut. Der Neunzigprozenter ist sicher recht zum Einreiben oder Flambieren, und wer weiß, mit welcher Chemie der hergestellt wird?

Am nächsten Morgen hatte sich draußen der Nebel verzogen. Auch drinnen bei unserem Freund war wieder Klarheit im Oberstübchen. Ziemlich bleich und klapprig stand er, die frische Morgenluft einschnaufend, vor der Hüttentür und betastete seine Beulen. Besorgt fragte ich ihn, ob ihm übel sei, oder ob er Kopfweh habe. Verwundert kam die Rückfrage: „Wieso?" Beruhigt zollte ich innerlich dem harten Westfalenschädel Respekt. Also Gott sei Dank keine Gehirnerschütterung. An das Geschehen vom gestrigen Abend konnte er sich nicht erinnern. Filmriss! Wir wollten ihn auch vorerst nicht aufklären, selbst als er immer wieder murmelte: „ Hol's der Düwel, wo bin ich denn da wieder hingerumpelt?"

Hardl schlug vor, getrennt zu pirschen, er wollte den Pit führen. Er wies mir den Weg zu einem Kar, auf dem sicher Brunftbetrieb herrschen würde. Der Weg führte Robert und mich auf die schneebedeckte Hochfläche. Die Sonne, die sich nun wieder zeigte, wärmte uns wohltuend den Buckel, als wir, von Latschen gut gedeckt, hinter einem Felsriegel hockten. Ein weites Kar erstreckte sich vor uns. Wo der Schnee abgerutscht war, da gab's Äsung und hier tummelte sich ein Scharl von etwa zwölf Gams. Ein junger Bock, etwa fünfjährig, mit eng gestellten Krucken schien der Herrscher des kleinen Rudels zu sein. Er war mir nicht der Rechte, denn einen so willkürlichen Grund wie zu enge Stellung der Krucken als Abschussnotwendigkeit herzunehmen, dazu hatte ich keine Lust. Prächtig im Wildbret, gesund und zukunftsfroh, trieb er blädernd eine Gais. Die Kugel blieb im Lauf, und wir freuten uns an dem guten Anblick. Der Wind blies lange Schneefahnen über die Grate, und mit der Zeit wurde es recht frisch. Von unserem Platz aus konnten wir weit in das Nachbartal hineinschauen, zu den Plätzen, die mich an viele herrliche Pirschen mit unvergesslichen Erlebnissen erinnerten.

Bis es am Nachmittag langsam Zeit wurde, an Abstieg zu denken, blieb der Bock der alleinige Beherrscher des Kars. Wir packten zusammen und über einen kleinen Umweg konnten wir uns ungesehen davonstehlen.

Im Dämmern kamen auch unsere beiden Freunde, ebenfalls ohne Beute, zurück.

Am Abend gab es Tee. Den Neunzigprozenter hatten wir vorsorglich versteckt. Als es dann Zeit wurde, zu Bett zu gehen, nahmen die Freunde ein Holzscheit und fragten den Pit scheinheilig, ob er ein Schlafmittel bräuchte.

Anderntags, als die Beulen schon ein wenig abgeschwollen waren, klärten wir ihn auf. Da konnte er nur fassungslos über sich selber den Kopf schütteln.

Bartrupfen im Sturm

Auf dem Grat

Im frühen Morgenlicht machten wir uns wieder auf den Weg zu unserem Kar, während der Pit mit seinem Pirschführer taleinwärts nach Gams ausschauen wollte.

Der Wind frischte auf und trieb bei düster verhangenem Himmel kleine Eisnadeln, die langsam in Schnee übergingen, vor sich her. An unserem gestrigen Auslug angekommen, zogen wir all unsere warmen Sachen an und hüllten uns in die Lodenkotzen. Die Gams lagen noch niedergetan im Kar, nur die Kitze spielten ab und zu übermütig „Fangemandl". Der junge Bock stand noch dabei und prahlte mit seinem guten Bart, der seitlich über die Rückenlinie wachelte. Wenn sich kein passender Bock zeigen sollte, so wollte ich nach einer einschichtigen Gais schauen. Eine nach der anderen nahmen wir in die Linsen: Hat sie ein Kitz, oder hat sie heuer keins?

Der Flockenwirbel wurde dichter und dichter, der apere Steilhang wurde langsam vom Schnee zugedeckt. Lang würden sich die Gams hier nicht mehr aufhalten. Ich musste zu einem Entschluss kommen. Der Wind wurde immer stärker und die Sicht durch das Schneetreiben immer schlechter. Der Schneewind blies scharf vom Tauernpass her, und mir kam das Volkslied in den Sinn: „Über'n Tauern tuat's schauern, weht an eiskoiter Wind".

Plötzlich stand oben, am Rande des Kars in einem Felsentörl ein Gams. Das war kein Junger! Er äugte wie der Herrscher der Berge auf die äsende Schar herab und fegte sogleich daher, ja, das war wohl der wahre Platzbock. Er stürzte sich voller Eifersucht auf den Fünfjährigen, und die zwei jagten in mörderischem Tempo über das Kar, die Wände hinauf, die Felsköpfe herunter und verschwanden talwärts in der Überriegelung. Was ich auf die Schnelle erkennen konnte, das war ein reifer Bock gewesen, der hätte gepasst. Jetzt hieß es warten, denn der Sieger der wilden Hetzjagd würde auf kurz oder lang wieder auftauchen. Wer würde das sein? Der Jugendkräftige oder der Erfahrene, der zudem noch von oben her kam?

Und da war er auch schon. Es war der Alte. Mit heraushängendem blauen Lecker – die Flanken bebten noch von der wilden Verfolgungsjagd – stand er vor einer Felswand am Rande des Kars. Der Wind hob seinen Bart auf, ein Bild der Wildheit und Kraft. Als er breit dastand, zeigte das Spektiv einen lang herabhängenden Pinselzopf. Die Zügel wie mit Asche überstäubt. Jetzt gab's kein Zögern mehr. Die Kipplaufbüchse lag schon bereit, eingestochen! – da fuhr der Schuss hinaus, bevor ich im Ziel war. Mit vor Kälte klammem Finger hatte ich den Abzug vorzeitig berührt. Die Kugel knallte donnernd hinter dem Gamsbock auf den Fels. Steinsplitter stäubten auf, der Schwarze machte erschreckt eine Flucht zu uns her auf ein kleines Felsköpferl. Blitzschnell war die neue Patrone im Lauf, und diesmal warf ihn der Schuss von seinem Podest. Verlöscht schlittelte er noch ein paar Meter herab.

Freudig schlug mir der Robert auf die Schultern. Noch fast eine halbe Stunde mussten wir ausharren, bis sich das Rudel, nun doch ein wenig beunruhigt, über die Bergkante weiter verzogen hatte. Dann schritten wir hinüber. Das Ausharren hatte sich gelohnt. Zwölf Jahresringe zeigte die interessante Krucke mit ihren vielen tiefen Einschnürungen. Waren das besonders harte Jahre für ihn gewesen oder gar Krankheit? Unter Roberts Assistenz rupfte ich genussvoll den Bart. Über seine Hilfe war ich jetzt froh. Der Wind blies nun immer stärker, und das Haar drohte, davon geweht zu werden, bevor es in die Seiten der dafür mitgebrachten Jagdzeitung eingewickelt wurde.

Bei der Roten Arbeit kreisten klongend und schnalzend die Wotansvögel erwartungsvoll über uns. Wie verwehte Herbstblätter trieben sie im Sturmwind. Glücklich packten wir zusammen, überließen den Raben ihren Anteil und machten uns beutebeladen auf den Heimweg.

Bald nachdem wir wieder auf der Hütte waren, trafen auch unsere beiden Anderen ein. Der Pit – überglücklich, der Hardl – zutiefst geknickt. Was hatte sich da ereignet?

Die Zwei hatten ein kleines Scharl Gams vor sich gehabt. Darunter war eine geringe Gais, noch ohne Kitz. Grad das Rechte für ein erstes Gams. Der weite Schuss bedeutete dem Pit kein Problem, sie verendete nach kurzen Fluchten. Doch dann musste Hardl, der erfahrene Bergjäger, ernüchternd feststellen: Es war ein Bock, ein IIa Bock! Ihn wurmte das gewaltig. Er wurde nicht damit fertig, dass ihm so etwas passieren konnte. Wir mussten reden wie die Wanderprediger, um ihn einigermaßen wieder aufzurichten. Als ich ihm dann auch eigene, einst begangene „Druckfehler" gestand, kehrte langsam wieder ein schüchternes Lachen auf sein Gesicht zurück.

Der Pit hingegen schwebte auf „Wolke 7". Für ihn bedeutete Gams – Gams, ob falsch oder nicht. Das Bußgeld für den Fehlabschuss wollte er gerne zahlen. Das sollte den braven Bergbauernsohn nicht bedrücken.

Wir haben den Abend, diesmal ohne Ringkämpfe am Hüttenboden, fröhlich feiernd genossen. Der Robert und ich hatten in der Hoffnung auf den ersten Erfolg des neugebackenen Gamsjägers jeder eine Flasche Rotwein im Rucksack heraufgetragen. Das war sauberer Wein ohne Chemie, und die Holzscheite, die schoben wir in den Ofen. In der Nacht schneite es weiter. Noch vor dem Schlafengehen trat ich vor die Hütte, der Schnee lag da bereits wadentief.

Am Morgen räumten wir zusammen und stiegen zu Tal. Bergab hatten wir es leicht mit unserer Beute. Bequem konnten wir die Gams am Strick über den Schnee hinter uns her ziehen.

Der besondere Nebeltag mit seinen darauf folgenden Erlebnissen wird unvergessen bleiben.

Der liebe Freund Pit, der meinen Weg noch eine gute Zeit begleitet hatte, erfüllte sich nach Jahren einen lang gehegten Wunsch – eine Jagdreise nach Namibia. Nach zwei Wochen voll einmaliger Erlebnisse sollte es am Morgen wieder Richtung Heimat gehen. In der letzten Nacht in Afrika versagte sein Jägerherz.

Mit diesen Zeilen lege ich ihm den letzten Bruch auf sein fernes Grab.

Im Burgenland

„Lass dich nicht auslachen – was willst du mit fünfzig Patronen?"

Mein Freund Peter sah, wie ich den Patronenvorrat auspackte.

„Damit kommst du bei uns nicht weit. Mach dir aber keine Sorgen, wir haben hier reichlich Vorrat!"

Das war vor Jahren, als ich zum ersten Mal Gast in seinem Revier sein durfte.

Nordöstlich des Neusiedler Sees liegt es, brettleben ist die Landschaft, man sieht weit bis zu den Höhenzügen bei Bratislava. Ungarn ist auch nicht fern, und im Herbst kann einen, an manchen Tagen unangenehm durch Mark und Bein gehend, der schneidende „Pannonische Wind" ausblasen.

Alljährlich darf ich dort Gast sein, zu einer Jagdwoche, die ihresgleichen sucht. Inmitten des Reviers liegen die Gutsgebäude der großen Eigenjagd. Eines davon hat der Peter als Jagdhaus für sich und seine Gäste eingerichtet.

Nach der langen Fahrt von München biegt man in das private Gelände ein und muss arg achtgeben, dass man keinen der zahlreichen Hasen oder Fasanen, welche die Zufahrtsstraße queren, überfährt.

Der Ankunftstag, meist kommt man erst gegen Abend an, wird gerne noch zum Entenanstand ausgenützt. Man wird locker, und der erste Pulverdampf erhöht die Vorfreude auf die kommenden Tage.

Im Laufe des Abends finden sich noch einige weitere Gäste ein, alte Freunde und neue Gesichter – alles leidenschaftliche Jäger, da findet man schnell zu einander und der Gesprächsstoff geht nie zu Ende.

Immer wenn's auf die Jagd geht, bin ich, wie auch an diesem Morgen, viel zu früh wach. Einen Wecker brauche ich nur, wenn ich im Frühsommer tagelang ums Grauwerden aus den Federn muss und abends bei der gnadenlos langen Helligkeit erst spät ins Nest komme. Da wird dann das Schlafdefizit schon so groß, dass der „Rappelteufel" eingeschaltet werden muss.

Draußen im Hof herrscht schon emsiges Kommen und Gehen. Die ersten Treiber und Hundeführer sind eingetroffen. Nach ausgiebigem Frühstück, bestens versorgt vom Hausgeist Marta, nochmals Blick zum Himmel, zum Wetter. Es verspricht trocken zu bleiben. Da am Vormittag noch Tau liegt, empfiehlt es sich, Gummistiefel anzuziehen. Die Pirschstiefel für den Nachmittag kommen in den Wagen, der uns zu den Trieben bringt. Jeder der Hausgäste packt sein Zauberzeug ein, Flinte, Patronen, Schuhe und Kleidung für den Eventualfall.

Vor dem Haus hat sich inzwischen eine bunte Gesellschaft versammelt. Schützen, die auswärts übernachtet haben, Treiber und Hundeleute, sowie die Fahrer der Kleinbusse, welche die Jagdteilnehmer zu den einzelnen Trieben fahren werden.

Freudiges Hallo, wenn man bekannte Gesichter wiedersieht, die Treiber sind allesamt seit Jahren Stamm und Stütze der Jagd. Es sind teilweise Weinbauern, die für die Pause zwischen den Treiben frischen Most, den „Sturm", dabeihaben. Zur eigenen Stärkung natürlich Wein aus Familienanbau und „Selberbrennten".

Jagdleiter Emmerich begrüßt, nachdem das Jagdsignal geblasen wurde, Jagdherrn und Jagdgäste und gibt die Regeln bekannt. Heute sind nur Hähne und Rebhühner frei. Hasen und eventuell Fasanhennen kommen erst im Spätherbst dran. Die Schützen werden gebeten, die leeren Patronenhülsen nach jedem Trieb in einen bereitgestellten Karton zu werfen. Dann werden die Jäger in zwei Partien zu jeweils sechs aufgeteilt. Genauso gibt es zwei Treiberkompanien.

Alles teilt sich in vier Kleinbusse auf. Gejagt werden etwa 1 km lange, 50 m breite Windschutzgürtel. Diese haben dichten

Unterwuchs, worin sich Futterschütten und künstlich angelegte Wasserstellen befinden. An den Seiten ziehen sich schmale Mais- oder Unlandstreifen entlang, die dem Wild zusätzliche Deckung bieten. Die Schützen- und Treiberpartien werden an die Enden der Deckungsstreifen gefahren. Links und rechts davon gehen jeweils – ein wenig auseinandergezogen – drei Schützen. Deren Reihenfolge wechselt von Trieb zu Trieb. In der Mitte gehen die Treiber. Auf jeder Seite begleitet die Schützen ein Hundeführer. Das Gleiche geschieht am anderen Ende des Windschutzgürtels. Beide Partien bewegen sich aufeinander zu.

Es geht los. Ich gehe auf der linken Seite, etwa 50 m vorgezogen. Die Flinte ruht in der Armbeuge, bereit, seitlich abstreichendes Flugwild zu erlegen. Ich muss darauf achten, auf gleicher Höhe mit dem Schützen der Gegenseite vorzurücken. Die ersten Hähne steigen gockend auf und streichen nach vorn. Je weiter wir zur Mitte vorrücken, die ein weißer Pfahl markiert, desto mehr knallt es. Eine Kette Hühner steht vor mir auf und schwingt sich über die Wipfel auf die Gegenseite. Als sie über den Baumkronen sind, kann ich eins mit schnellem Schuss erlegen. Vorher zu schießen, ist bei flacher Flugbahn zu gefährlich. Nur wenn die Vögel aufs Feld hinaus streichen, kann ich gut mitschwingen und Strecke machen. Dutzende von Hasen verlassen das Treiben, oft erst, wenn wir sie schon überlaufen haben. Die sauber arbeitenden Hunde beachten sie kaum. Nur wenn einmal ein Jäger wieder einen jungen Hund einarbeitet, dauert es halt einige Zeit, bis er kapiert: heute keine Hasen.

Als wir und die Schützen der Gegenseite etwa 25 m vor dem weißen Pflock angekommen sind, ertönt das Signal: Treiber rein, Schützen halt. Jetzt wird's heiß! Ich komme mit dem Laden kaum nach. Immer wieder mache ich den blöden Fehler und öffne nach dem ersten Treffer die Flinte. Gerade dann kommt neuer Anflug und das Gewehr ist nicht bereit. Ich rufe mich zur Disziplin: ich habe doch zwei Schuss! Das beherzigend, gelingen mir Dubletten auf Hühner. Wo gibt es das noch? Rundherum knallt es munter und wunderbare Bilder sind zu schauen. Unter den Schützen sind wahre Meister, denen kaum ein Vogel entkommt. Diese Jäger sind mit Taubenjagd in Argentinien bis zu den Flugwildparadiesen Osteuropas unterwegs, und es ist ein Genuss zu sehen, wie sauber sie die Vögel herunterholen.

Als die Treiber durch sind, wird „Hahn in Ruh" geblasen. Treiber sammeln das Wild ein, und die Hundeführer suchen, was nicht in Sicht gefallen ist. Der Wildwagen brummt heran, die Schützen berichten begeistert vom guten Anflug. Jeder leert seine Taschen von den Patronenhülsen in einen Karton auf dem Wildwagen. Bis Fasanen und Hühner immer zu zweien gebündelt sauber aufgehängt sind, laden uns die Weinbauern-Treiber zum Verkosten des „Sturms" ein. Doch der Jagdleiter warnt: „Kein Alkohol während der Jagd!" Die Burgenländer protestieren: „Wein ist kein Alkohol!"

So machen wir bis Mittag mehrere Triebe und die Tragestangen am Wildwagen füllen sich. Mittagspause. Es geht zurück zum Gutshof. Eine reichgedeckte Tafel erwartet uns im warmen Herbstsonnenschein. Es gibt so gute Dinge zu essen, dass ich mich bremsen muss. Mit vollem Magen ist die Reaktion nicht mehr so flott. Ich kenne das aus trauriger Erfahrung, als bei mir die „Leitung" nach üppigem Mahl einmal so lang wurde, dass ich nur den Burgenländer Himmel durchlöcherte.

Nach knapp einer Stunde drängt der Jagdleiter zum Aufbruch. Ich habe es mir bequemer gemacht. Weil es nun draußen trocken ist, ziehe ich die leichten Jagdschuhe an. Wie beschwingt geht es jetzt von einem Windschutzgürtel zum nächsten; immer nach bewährtem Muster.

Der letzte Trieb ist ein wenig anders. Ein gezäuntes Gelände mit niedrigen Korbweiden, im Geviert etwa 150 m, wird umstellt. Hier kommen die Hähne hoch daher und gewinnen im steifen Ostwind unheimlich Fahrt. Die Experten mit ihren „Zwanzigern" sind in ihrem Element. Auch ich bin ganz zufrieden, denn ich habe mich gut eingeschossen.

Im Burgenland

Peter – Jagdfreund seit Jungendtagen, Gefährte herrlicher Jagdtage

Aufstellung entlang des Windschutzgürtels

Beim Streckenlegen

Imposante Strecke

Nach diesem Trieb geht's zurück zum Hof. Dort wird die ansehnliche Strecke gelegt: 134 Gockel und 48 Hühner. Drei Hasen wurden von den Hunden gefangen, das ist bei der Menge von Löffelmännern normal. Wenn wir noch die 36 Enten vom Vorabend dazurechnen, ist das eine schöne Strecke. Nach dem Dank des Jagdherrn an Hundeführer, Treiber und Schützen drängt die ganze Gesellschaft hinein in Peters „Wirtshäusl", wie er das umgebaute, ehemalige Brennereigebäude getauft hat. Drinnen ist es gemütlich, der große, grüne Kachelofen spendet wohlige Wärme. Das tut gut, denn der berühmte „Pannonische Wind" hatte an Schärfe zugelegt.

Die Burgenländische Küche verwöhnt uns mit dem berühmten „Gansl". Jetzt darf auch dem bodenständigen Wein zugesprochen werden.

Spät am Abend reisen die meisten ab und ein neuer, lieber Gast trifft ein. Unser gemeinsamer Freund Klaus aus der Pfalz. In den vergangenen Jahren waren wir stets Gäste in seinem berühmten Revier Merzalben im Pfälzer Wald gewesen, dessen Chef er war. Jetzt, in seinem Ruhestand, hat er endlich Zeit, der schon lange immer wieder ausgesprochenen Einladung nachzukommen. Seine Verpflichtungen als Leiter des riesigen Staatsreviers ließen ihn in der Vergangenheit während des Herbstes nie fort. Sein junger Wachtel Troll, den er noch nicht lange hat und ihn deshalb niemandem überlassen wollte, ist mit von der Partie, der wird morgen schön schauen.

* * *

Ja, morgen geht's in das legendäre Revier Zurndorf zur großen Fasanenjagd. Der Peter ist dort eines der sieben Mitglieder der Jagdgesellschaft. Es werden auf dieser Jagd, wie immer, nur sieben Schützen teilnehmen. Der großzügige Freund hat unsertwegen für morgen auf seinen Stand verzichtet. Wir beide, Klaus und ich, werden uns abwechselnd die Stände der fünf Triebe teilen. Auch er hat, wie seinerzeit ich, nicht mit den hiesigen Wildmengen gerechnet und viel zu wenig Patronen dabei. Auch ihm kann aus dem Fundus des Hauses geholfen werden.

Trotz der Wiedersehensfreude wird der Abend nicht zu lang, denn morgen wird's richtig „heiß".

Doch ein Vorkommnis vor zwei Wochen trübt ein wenig unsere erwartungsfrohe Stimmung. Bei der Fasanenjagd in den Maisfeldern tauchten plötzlich sogenannte „Autonome Tierschützer" auf. Sie behinderten die Jagd, indem sie sich vor die Schützen stellten, sie beschimpften und sogar bespuckten. Einem Treiber brannte da die Sicherung durch und er schnappte sich einen dieser Typen, was dem gar nicht gut bekommen sein soll. Die Schützen konnten sich kaum der Störung erwehren. Die herbeigerufene Polizei verwies auf Bürgerrechte und es sei eine angemeldete Demo. Punkt. In der darauffolgenden Nacht ging die Jagdhütte im großen Wald, in dem heute die Jagd stattfinden soll, in Flammen auf. Die Störer drohten wieder zu kommen, und zwar morgen zu unserer Hasenjagd. Doch die Bauern und Jagdgenossen haben, wie wir hören, da schon gewisse Pläne.

Die Fahrt ins etwa 14 km entfernte Revier ist kurz. Dort erwartet uns schon eine wesentlich größere Treiberschar als gestern. Hundeführer aus Ungarn sind auch dabei. Sie sind hier eine feste Einrichtung. Etwa wie früher die sogenannten „Besuchsjäger", die wegen ihrer guten Hunde herumgereicht wurden. Die Mitglieder der Jagdgesellschaft kenne ich bereits von den früheren Jagden. Der eine oder andere hat einen Gast, dem er seinen Stand abgetreten hat. Es sind zum Teil englisch gewandete Herren, alles kariert, von der Knickerbocker bis zur Mütze; ein Anblick, der mir schlichtem Bergjäger beim ersten Mal ein Grinsen entlockte. Als alle eingetroffen sind, hält der Jagdleiter, der gestrenge – und das muss er auch sein – Berufsjäger Wurm, die Ansprache, begrüßt uns zur großen „Waldjagd" und gibt bekannt, was heute frei ist:

Gockel und Hennen, Raubwild, Raubzeug, keine Hasen. Die kommen morgen auf der großen Feldjagd dran. Die sie-

Im späten Herbst

Im Taleinschnitt liegt das Bacherloch

Der Leiterberg – in der Mitte der Spitzwald

Mit der Beute heimzu

Das Jagdhaus in der Birgsau

ben Stände werden ausgelost. Klaus und ich kommen überein, dass ich den ersten Trieb mitmache, damit er sich ein wenig „einschauen" kann. Dann soll er die nächsten zwei bis zur Mittagspause mitschießen.

Der Wald besteht hier vorwiegend aus Eichen und Eschen mit dichtem Unterwuchs an Strauchwerk. Der erste Trieb ist ein kleines, allein stehendes Waldstück, 200 m im Geviert. Ich habe bei der Auslosung Stand Nr. 2 gezogen. Alle Stände sind mit einem weißen, nummerierten Pflock markiert. Wir stehen – Klaus mit Hund neben mir – auf einem Acker mit Front zum Waldstück, das nun getrieben wird. Etwa 150 m hinter uns beginnt der große zusammenhängende Teil des Laubwaldes. Vor diesem Waldsaum stehen verteilt die Hundeführer und achten auf krank geschossene Vögel. Wir wurden ermahnt, nicht flach nach rückwärts zu schießen, um die Jagdhelfer nicht zu gefährden.

Ich baue mir meinen Patronenkoffer auf dem Sitzstuhl griffnah vor mir auf. Die Schützen haben ihre Stände eingenommen, die Front des Waldstücks ist abgestellt, es wird angeblasen. Noch rührt sich nichts, man hört nur von ferne die Rufe der Treiber. Die Spannung steigt, erste Infanteristen huschen vor uns durchs Gesträuch. Noch steigt keiner der Fasanen auf, sie sehen uns ja dastehen und wollen nicht so ohneweiters die Deckung verlassen. Doch endlich stehen die ersten auf und wollen über die Schützenkette dem nächsten Waldrand zustreichen. Noch sind sie einzeln, und ich kann in Ruhe die überkopf anfliegenden hinter mir in den Acker fallen lassen. Auch die Nachbarn bekommen immer mehr zu tun, und die Schar aufgeregter Infanteristen im Wald vor uns wird immer dichter. Die Treiber rücken ganz langsam vor, damit nicht der ganze Segen auf einmal in die Höhe braust. Jetzt steigen bunte Buketts auf, und ich muss mich auf Einzelne konzentrieren und darf mich nicht von der großen Menge kopflos machen lassen. Vor zwei Jahren, als ich einen Königsstand, ach, was sag' ich, einen Kaiserstand bekam, da wurde der Himmel dunkel von Fasanen und ich pudelte ganz furchtbar und blamabel. Es waren einfach zu viele. Der hinter mir stehende Jagdleiter Wurm bekam fast einen Herzinfarkt. Jetzt habe ich daraus gelernt und suche nur immer einen Einzigen aus, den ich dann vom Himmel hole. Je näher die Treiber kommen, desto dichter werden die Buketts. Mit einem Auge sehe ich meisterhafte Dubletten, aber auch, dass nicht jeder Schuss trifft. Mit dem Laden komme ich kaum nach, immer wenn die Flinte offen ist, streichen unzählige Vögel unbeschossen über mich hinweg. Doch die landen in den nächsten Treiben. Meine Querflinte ist höllisch heiß, gut, dass ich links einen Handschuh anhabe.

Die Treiber sind heran, der Anflug ist verebbt, und der Trieb wird abgeblasen. Der arme Troll ist fix und fertig. Dieses Geknalle ist der Stöber- und Waldhund nicht gewöhnt. Wenn er daheim im Einsatz ist, hört er nur von fern einzelne Schüsse, doch hier im Dauerfeuer sieht er auch noch das Wild fallen. Das ist für den jungen Hund wirklich zuviel.

Um mich herum liegen etwa vierzig Gockel und Hennen auf dem dunklen Acker. Es sind nicht alle von mir, denn im Schwung ihres Fluges sind auch welche von meinen Nachbarn bei mir heruntergestürzt. Die Schützen stehen hier so weit auseinander, dass keiner dem nächsten was wegzuschießen braucht. Das wäre bei dem gewaltigen Anflug auch unsinnig.

Die Treiber sammeln das Wild ein. Einer von ihnen kommt mit einem Eimer und sammelt die leeren Hülsen auf. Das war schon mal ein furioser Beginn. Der Klaus ist zu Recht beeindruckt.

Die ganze Gesellschaft begibt sich zu ihren Kleinbussen, die uns auch hergebracht haben. Unser Fahrer verstaut Flinte und Patronenkoffer, und weiter geht's zum nächsten Trieb. Freund Klaus hat einen der mittleren Stände gelost, das könnte ergiebig werden. Vor uns wieder Eichenwald, die sieben Stände sind auf einer langen, 60 m breiten Wiese verteilt. Hinter uns beginnt das nächste Waldstück. Wir stehen lange, bevor wir entfernt die Treiber hören. Die hellhörigen Hasen sind schon vor uns am Waldrand aufgetaucht. Sie spitzen die Löffel und getrauen sich nicht ins Freie, da sie uns gut eräugen können. Lautlos hoppeln sie wieder zurück und ich sehe sie seitlich das Weite suchen. Nach und nach segeln die ersten Hähne – immer sind sie es, die zuerst kommen – hoch über den Baumkronen heran. Gekonnt holt der Klaus einen nach dem anderen herunter. Je näher die Treiber kommen, desto dichter wird der Fasanensegen. Der arme Troll, den nun ich am Riemen habe, würde zu gerne den vielen Hasen hinterher jagen, die jetzt auch bei uns durchbrechen. Ich kann ihn nur schwer bändigen. Sein Herr wird inzwischen kaum mit dem Laden fertig, so viele bunte Vögel stehen vor uns auf und versuchen den gegenüberliegenden Wald zu erreichen. Doch gelernt ist gelernt, der Klaus zeigt, dass er nicht nur Hochwild schießen kann. Ich genieße das Zuschauen und freue mich über tolle Einzeltreffer und Doubletten der Schützen. Beim Nachbarn sehe ich einen Königsfasan mit endlos langem Stoß vorbeifliegen. Doch der hat gerade die Flinte offen. Die „Könige" wurden hier vor Jahren ausgesetzt und haben sich in der freien Wildbahn vermehrt. Immer wieder hört man ihr eigenartiges Zirpsen, wenn sie aufstehen. Langsam sind die Treiber heran, und in einem tollen Finale gehen unzählige Fasanen in die Höhe. Es sind schöne Bilder, wenn der Vogel gefallen ist und noch einige Federn in der Herbstluft langsam schaukelnd zu Boden schweben.

Dann ist auch dieser Trieb zu Ende. Klaus hat die „Feuertaufe" bravourös bestanden. Der Peter hat von ferne zugeschaut und freut sich mit uns.

Im letzten Trieb vor der Mittagspause stehen wir, Klaus ist wieder als Schütze dran, auf einer schmalen Schneise mitten im Hochwald. Da wir so still dastehen, rennen uns die vielen Hasen fast über die Füße. Troll hat sich inzwischen etwas beruhigt, jetzt merkt er, das ist nicht seine Jagd. Die Fasanen segeln lautlos hoch von ferne über die Wipfel daher, da heißt es konzentriert den Himmel beobachten. Die Lücke zum Schuss ist schmal und die Flinte muss schon im Voranschlag gehalten werden, sonst wird man nicht fertig. Die getroffenen Vögel fallen weit hinter uns prasselnd durchs Gezweig. Ich merke mir genau, wo sie liegen. Da steht vor uns ein einzelner Fasan auf, ich rufe noch „tiro", und schon fällt er hinter uns in die Büsche. „Bravo", rufe ich dem Klaus zu, „jetzt hast du deinen ersten Königsfasan geschossen!" Ein wenig ungläubig schaut er mich an, doch im Schuss sah auch er den überlangen Stoß.

Als das Treiben vorbei ist, eile ich, um den „König" zu holen, bevor ein übereifriger Hund ihn vielleicht zu fest greifen könnte. Großes Hallo. Der Stoß ist 1,25 m lang, ein prächtiger Vogel und eine seltene Beute. Den fälligen Obolus für die Jagdkasse zahlt hier jeder gern.

Beim Rückweg zu den Autos kommen wir an der abgefackelten Jagdhütte vorbei. Ein trauriger Anblick. Ein Dokument des Neides. Was der Eine nicht haben kann, daran sollen auch Andere sich nicht erfreuen. Hier fand in den Vorjahren unsere Mittagsrast statt. Wenn's warm genug war, konnte die Gesellschaft draußen sitzen, und bei schlechtem Wetter war's drinnen oft so gemütlich warm, dass man sich zum Weiterjagen schon mahnen lassen musste.

Wir fahren ins Dorf, wo uns im Gasthaus eine wunderbare Fasanensuppe neue Kräfte gibt. Nach Kaffee und einem kleinen Gebäck packen wir's wieder an.

Die nächsten zwei Triebe verlaufen nach bewährtem Muster. Zunächst bin ich wieder dran. Ich stehe am Rande der Schützenreihe und habe nur ein schmales Schussfeld. Hinter mir eine hohe Eiche, 20 m vor mir ist schon der Waldrand, von wo die Vögel kommen werden. Da bleibt mir nur der schmale Luftraum knapp vor mir. Wenn die Fasanen hochgehen, sind sie noch zu flach, also ist's zu gefährlich hinzuschießen. Direkt über mir sind schon die Zweige des Baumes. Also kann ich nur in steilem Winkel schießen, bevor sie wieder verdeckt sind. Ob ich getroffen habe, höre ich nur am Durch-die-Zweige-Prasseln oder sehe die Federn herniederschweben. Aber der Klaus zählt mit, und ich bin mit meinen Ergebnissen recht zufrieden.

Zum Schluss ist nun er wieder dran. Der Stand ist ganz konträr zu meinem vorherigen. Wir stehen am Rand der Schützenreihe auf einer freien Wiese. Hier kommen die Vögel einzeln, hoch und schnell und von verschiedenen Seiten. Vier Augen sehen hier mehr. Aus meiner knienden Stellung kann ich den Freund auf die von der Rückseite anfliegenden Fasanen aufmerksam machen.

Der letzte Trieb ist zu Ende. Die voll mit Fasanen hängenden Wildwagen rollen zum Streckenlegeplatz davon. Wir können uns endlich am Roten und Weißen stärken, die Herren Winzer-Treiber laden zur Verkostung ein.

Am Streckenplatz lodern die Feuer. Sauber in Zehnerreihen, umrahmt von Fichtenbrüchen, liegen 558 Gockel und Hennen. Am Kopfende zwei Hasen, welche die Hunde gefangen haben, der Königsfasan vom Klaus sowie ein Iltis, auch eine Beute der Hunde.

Die Signale der Jagdhörner beenden einen Tag voll reichem Erleben, mit einer Wildmenge, von der man nur träumen kann.

Der Morgen der großen Feldjagd dämmert herauf.

Als ich in der Früh nach dem Wetter schaue, bläst schneidend eisiger Ostwind. Der „Pannonische Wind". Der zinnerne Himmel ist leicht verhangen, hoffentlich bleibt's trocken. Heute sind wir zehn Schützen mehr als gestern. Es wird nur im Feld gejagt, da braucht man für weiträumiges Abstellen mehr Schützen als im Wald.

Wir hören, dass die angekündigte Protestaktion der Jagdgegner sich bereits in Wien gesammelt hat und bald hier eintreffen wird. Vorsorglich wurde deshalb der Jagdbeginn um eine Stunde vorverlegt. Die einheimischen Bauern und Jagdgenossen sind voller Wut. Die Verpachtung bedeutet für sie eine wichtige Einnahmequelle und sie tun viel, um dem Wild gute Lebensbedingungen zu bieten. Sie haben die Polizei informiert, dass sie den Demonstranten das Betreten ihrer landwirtschaftlichen Flächen verwehren werden. Sämtliche Traktoren sind im Einsatz, um alle Feldstraßen und -wege abzuriegeln. Wir sollen ganz beruhigt sein, die Bauern werden ihr Eigentum und Kapital – die Jagd, verteidigen.

Das sind gute Nachrichten. Die Hörner blasen „ Zur Begrüßung", und der Jagdleiter erklärt den Verlauf der Jagd, bei der es auf Hasen und eventuell vorkommende Fasanen geht. Doch das Letztere ist unwahrscheinlich, denn es wird über die deckungslosen Felder gehen. Ein weißer Pflock wird 25 m vor uns Schützen eingeschlagen.

„Das, meine Herren", heißt es, „ist die maximale Entfernung für einen waidgerechten Schuss. Bitte nicht weiter schießen! Ich wünsche allen guten Anlauf, Waidmannsheil!"

Die Schützen werden in zwei Parteien aufgeteilt: Steher und Geher. Wir drei – Peter, Klaus und ich – sind im ersten Treiben Geher. Die Steher werden mit ihren Kleinbussen zur kilometerweit entfernten Linie gefahren, wo sie die lange Kette der Treiber mit uns Geher-Schützen erwarten. Nach „Aufbruch zur Jagd" findet jeder sein Fahrzeug und die Fahrt ins Jagdgebiet kann losgehen.

Wie bei einer Kesseljagd laufen bei unserer Partie Treiber und Schützen in gerader Linie nach links und rechts aus. Der erste Schütze muss, wenn der Flügel seine äußere Länge erreicht hat, ein wenig im rechten Winkel vorziehen. Dann wird angeblasen und wir marschieren in Richtung der Stehschützen, die wir, da sie zu weit entfernt sind, noch nicht sehen können. Es geht über Äcker, Wiesen und Stillegungsflächen. Immer schön Linie halten, man kennt das ja. Schon stehen die ersten Hasen auf, mal nah, mal weiter vorn und etliche, die sich überlaufen ließen, flüchten nach rückwärts. Bald haben meine Treiber links und rechts an meiner Strecke gut zu tragen. Mein Anlauf ist toll. Weiter vorn reißen die aufgestandenen Hasen andere mit und man sieht überall die Löffelmänner in Scharen seitlich ausbrechen oder in Richtung der vorstehenden Jäger flüchten. Besonders spannend wird es, wenn wieder eine stillgelegte Fläche kommt, da sitzen sie heute gerne, denn es bläst ein zunehmend eisiger Wind, der einem das Wasser aus den Augen treibt. Ich hatte vor Jahren hier eine Hasenjagd mit einem solchen Sturm erlebt, dass plötzliche Böen den Schützen, besonders denen mit Bockflinten, manchmal die Läufe wegdrückten. Klingt wie Jägerlatein, ist dennoch wahr.

Hier gibt es viele Unlandstreifen, denn es ist Trappengebiet, das von der EU bezuschusst wird. Das kommt natürlich auch Hasen, Fasanen und vor allem den Rebhühnern zugute. Sie sind heute nicht frei, und ab und zu streicht eine starke Kette hoch über uns hinweg. Das Gehen macht warm, doch im nächsten Treiben sind wir die Steher, das wird frisch werden, denn es dauert fast eineinhalb Stunden, in denen man still zu stehen hat. In der Ferne sehe ich tatsächlich drei Trappen mit mächtigen Flügelschlägen dahinstreichen, ein beeindruckendes Bild. Rehe flüchten aus dem Treiben, auch sie machen Hasen hoch, die der Schützenkette entkommen. An der Front knallt es jetzt munter, die „Krummen" versuchen dort durchzukommen. Es sind Unmengen von ihnen, die zwischen den beiden Fronten hin und her rennen. Dieser unglaubliche „Hasensegen" erinnert mich daran, dass auch wir vor Jahrzehnten in der Kiesebene nördlich von München, wo sich heute Ikea, Karstadt und unzählige andere Gewerbebetriebe niedergelassen haben, die gleichen Hasenmengen hatten. Ich war in dem Revier Eching jahrelang ständiger Gast, und wenn wir im Spätherbst die „Echinger Lohe", jenen großen Eichenwaldkomplex östlich der Autobahn gejagt haben, lagen abends so um die 500 Hasen auf der Strecke. Doch Autobahn, Bundesstraße und das Mega-Gewerbegebiet haben einen hohen Zoll an Hasenleben gefordert. Hier in Österreich hat man vorbildliche Autobahnen mit dichten Zäunen und breiten, begrünten Wildübergängen gebaut. Ich kann nur sagen „Felix Austria".

Unsere Linie hat sich den Vorstehschützen genähert, es wird „Treiber rein, Schützen halt!" geblasen. Der Wachtel Troll geht bei einem Treiber mit, er ist schon ganz heiser, er kann's nicht fassen, so viel los und er darf nicht nachjagen. Ich lasse noch zwei nach hinten durchbrechende Mümmelmänner roulieren, dann ist der erste Trieb zu Ende.

Die Treiber haben schwer zu tragen, einige legten ihr Wild schon vorher an markanten Punkten ab. Die Wagen kommen herbei, nehmen Strecke und Jagdgesellschaft auf und es geht zu einem entfernten Revierteil. Während der Fahrt sehen wir die große Kolonne der Traktoren, welche die Zufahrtsstraßen abgeriegelt haben. Auch ein Polizeifahrzeug ist zu sehen. Von den Störern zeigt sich zum Glück niemand in unserer Nähe.

Diesmal ist unsere Linie die der Steher. Ich werde vor einer langgezogenen, lückigen Erlenzeile abgestellt. Mein linker Nachbar steht „über Eck" etwa 80 m entfernt, der rechte in der Linie zirka 60 m. Der eisige Wind kommt direkt von vorn. Gut, dass ich heute Morgen die dicke, winddichte Jacke genommen habe. Die Strickmütze liegt wohl aufgehoben in meinem Zimmer, die könnte ich jetzt dringend gebrauchen. Auch den Sitzstock habe ich schmählich abgelehnt, jetzt kann ich mir die Beine eineinhalb Stunden in den Bauch stehen. Noch zeigt sich kein Hase, nur Rehe suchen schon das Weite. Doch plötzlich sehe ich eine Schar von etwa einem Dutzend der Hoppler spitz auf mich zu kommen. Ich stehe ganz still, doch die Gruppe macht erstmal Halt, um die Lage zu sondieren. Dann, wie auf ein Kommando, kommt die Gesellschaft direkt auf mich zu. Ich halte dem Ersten vor die Läufe, er schlägt Rad, kurz darauf lasse ich den nächsten über Kopf gehen. Die anderen flüchten nach links aus dem Treiben, zu weit für den Nachbarn. Nun wird es hier lebhaft. Immer neue, regelrechte Rudel brechen zwischen uns unbeschossen durch. Jetzt fehle ich doppelrohrig zweimal die spitz Anlaufenden. Immer zu kurz. Es ist doch ein anderes Schießen als hintennach oder auf den „Defilierhasen". Der Anlauf ist gewaltig. Ich schieße nur nach vorn oder seitlich, wenn sie über die Linie zum Nachbarn hinaus sind. Was da zwischen uns durchbrechen kann, ist unglaublich. Sie kommen jeweils in Wellen, selten sind's Einzelne. Das ist wohl auch das Gesetz der „Schwarmbildung", das vor Feinden schützt.

Es sind weit über hundert Hasen, die an meinem Platz unbeschossen durchkommen. Und das ist ja auch der Sinn des weiten Abstellens. Eine tote Häsin bringt keinen Satz mehr. Trotz der vielen übrig Gebliebenen findet man im Frühjahr Unmengen von an Krankheiten Eingegangenen. Daher ist dieser „Aderlass" durchaus notwendig und vertretbar.

Immer neue Mümmelmänner lasse ich vor, hinter und neben mir roulieren und plötzlich merke ich, dass ich keine Patronen mehr habe. Ich grabe verzweifelt in allen Taschen. Verdammt! Was tun? Das Treiben ist noch lange nicht fertig. Ich rufe meinem linken Nachbarn zu, ob er mir mit „Zwölfern" aushelfen könne. „Leider nein", ruft er, „aber gerne Kal. 20". Der Mann hat Humor! Doch der rechte Schütze hat zum Glück Kal. 12. Ich bitte die beiden um Erlaubnis, den Stand zu verlassen, und laufe zu ihm hin. Er habe auch nicht mehr viel, aber fünf Stück kann er mir geben. Schnell haste ich zu meinem Stand zurück. Und jetzt hoffe ich – welch ein Hohn –, dass bitte nicht mehr so viele Hasen kommen mögen. Die fünf Patronen sind noch gut für vier weitere Löffelmänner. Bei denen, die danach kommen, kann ich nur noch „bumm" rufen.

Endlich ist der Trieb aus, endlich bin ich aus meiner Pein mit der leeren Flinte erlöst. Doch wie ich um mich schaue: überall weiße Hasenbäuche. Ein toller Anblick für Jägeraugen. Die Treiber schütteln den Kopf über solch eine Menge. Einer zählt 24 Stück. Ich kann's kaum glauben, dass die alle von mir sind. So einen Anlauf werde ich wohl nie mehr erleben. Wenn ich dagegen die Menge der unbeschossen Entfleuchten bedenke – es sind etwa achtzig Prozent, da darf ich mich ehrlich freuen.

Als wir alle wieder beieinander sind, höre ich, dass auch der Peter sich verschossen hat und mit offener Flinte zuschauen musste. Der Anlauf war unglaublich.

Jetzt geht es erstmal zum Aufwärmen und zur Stärkung ins Wirtshaus, wo uns eine zünftige Würstlsuppe neue Energie spendet. Dort hören wir, dass die Jagdfeinde einen Späher geschickt hatten. Als der sah, was da an wütenden Bauern aufgeboten war, suchte er mit seinen Spießgesellen das Weite. Es hieß, sie seien nach Niederösterreich zum Stören einer anderen Jagd weitergefahren.

Die beiden letzten Triebe wechseln wieder zwischen Gehen und Stehen. Der Wind hat an Stärke und Kälte zugenommen. Die vereinzelten Regentropfen stechen wie eisige Nadeln. Ich binde mir meinen Schal um Mütze und Ohren. Lieber ausschauen wie eine Marktfrau, als frieren. In diesem Revierteil ist die Wilddichte nicht so gewaltig, es liegt wohl an den wenigen Brachflächen. Doch es knallt ringsum noch ganz munter. Ich kann mit ein paar Hasen gut mithalten, aber selbst ohne Anlauf könnte ich mehr als zufrieden sein.

Nach dem Abblasen können wir Zuflucht in unseren Autos suchen und gemächlich zum Streckelegen rollen. Dort sind die Treiber eifrig dabei, die mit Hasen beladenen Stangen des Wildwagens abzuladen. Mit einer straff gespannten Schnur ausgerichtet, wird sauber in Zehnerreihen die Strecke gelegt.

Flammende Feuerkörbe begrenzen beiderseits den ansehnlichen Jagderfolg. Mit kurzen Worten erfolgt die Streckenmeldung: 453 Hasen und zwei Fasanen, die aus einer kleinen Buschinsel aufgestiegen waren. Andächtig und dankbar, mit der Kopfbedeckung in den Händen, hören wir das „Halali".

Danach trifft sich die ganze Schar im Lagerhaus der Jagdgesellschaft. Dort wird das Wild versorgt, und ein kleiner Umtrunk beschließt den überaus erfolgreichen und harmonischen Jagdtag.

Welch ein Erleben! Philipp Meran schildert in einem seiner wunderbaren Bücher eine ebenso großartige Jagd, an der er nur teilnehmen konnte, weil sein großzügiger Freund und Gastgeber auf seinen Stand verzichtet hatte. Und er fragt: „Wo gibt es so etwas noch?" Da kann ich antworten „hier, bei meinem selbstlosen Freund Peter."

Als wir am Abend beim gemütlichen Mahl beim „Sittinger" in Frauenkirchen, dessen fantastische Küche eine Reise wert ist, beieinandersitzen, erleben wir nochmals die zahlreichen

Höhepunkte des Tages und hören, wie es dem Einzelnen ergangen ist. Die größte Genugtuung ist, dass die Bauern zu ihren Jägern gehalten und ihr Jagdrevier gegen ideologisch verirrte Neider und Spinner erfolgreich verteidigt haben.

Von den weit über tausend Hasen, die an diesem Tag vorkamen, träumt unterm Tisch, mit rudernden Läufen jiffend und jaffend, der total geschaffte Troll. Sicher jagt er jetzt, von der lästigen Leine befreit, in einer braunen, wirbelnden Hasenwolke dahin.

Im späten Herbst

Nach den schlafraubenden Tagen der Hirschbrunft kehrte in unser Revier im Birgsau Tal mit dem traditionsreichen Namen „Prinzregentenbogen" im Stillach- und Rappenalptal eine gewisse Ruhe ein. Es trägt diesen Namen, weil es einst zu den bevorzugten Revieren des großen Jägers Prinzregent Luitpold gehörte. Nach den wildvernichtenden Revolutionsjahren der 1848er Jahre war er der Wiederbegründer des weitgehend ausgelöschten Wildbestandes.

Die starken Erntehirsche mit dem „schönen", ordentlichen Namen „Einserhirsche" waren erlegt, die Gäste abgereist und ich konnte nach Herzenslust meine pirschenden Schritte dorthin lenken, wo es mir am besten taugte. Ich selber war in diesem Jahr nicht mit einem „Einser" dran gewesen. Doch als Beobachter, Ortskundiger und nicht zuletzt als Helfer beim oftmals schwierigen Liefern der Hirsche kam ich genauso spät ins Nest wie die Akteure mit Pulver und Blei. Als Schweißhundführer war ich überdies im Einsatz gewesen, auch wenn es bis auf eine Ausnahme nur Kontrollsuchen waren. Und dann die abendlichen Runden, wenn nach feierlichem Verblasen im Fackelschein die Erlegung der starken Geweihten gefeiert wurde. Wie soll man da zu ausreichend Schlaf kommen? Mit uns armen Jägern sollte man wirklich Mitleid haben.

Während meiner Hirsche beobachtenden Ansitze hatte ich hinten im Bacherloch einen interessanten Gamsbock gesehen. Dieses schmale, von schroffen Wänden und steilen Gräben gesäumte Tal ist zwar kein Brunftplatz, doch wechseln dort oftmals suchende Hirsche durch den tiefen Taleinschnitt vom

Wildengundkopf hinüber zum Linkerskopf. Dabei kam mir jener Gams in die Linsen. Pulsbeschleunigend starke Schläuche, hoch und eng gestellt, und das rechte Alter schien er auch zu haben. Den wollte ich mir mit dem Bernhard, unserem Jäger, gemeinsam anschauen.

Während der Hirschbrunft herrschte regnerisches Wetter und erst in den letzten Tagen, so um den 6. Oktober, klarte es auf und die Berge strahlten bis herunter auf 1.800 m mit schneeweißen Gipfeln. Das blieb so bis gegen Mitte des Monats, dann fauchte der Föhn mit warmem Hauch vom Süden herein und die weiße Pracht war vorerst dahin.

In der letzten Nacht hatte es nun abermals ein wenig geschneit, sodass die Hänge weiß überstäubt waren.

Das Bacherloch zieht sich von Einödsbach – der südlichsten Ansiedlung Deutschlands – bis hinter zum Talende, wo sich der Steig in steilen Serpentinen hinauf windet übers Waltenberger Haus zu Trettach und Mädelegabel.

Der schmale Pfad mit seinem dramatischen Ausblick auf die sich darüber auftürmenden Gipfel zieht viele Bergsteiger und Wanderer an. Man ist daher gut beraten, wenn man die Pirsch nicht grad aufs Wochenende legt oder gar in die Ferienzeit.

Im Sommer machte ich mit meiner Frau einmal einen unbewaffneten Spaziergang weit in dieses Tal hinein. Dabei begegnete uns ein Wandererpaar. Die Frau, nur mit einem dünnen Spaghettiträger-Oberteil und Shorts bekleidet, war von der Bergsonne schon gefährlich rot verbrannt. Beide trugen leichte Turnschuhe. Auf unsere höfliche Frage, wohin des Wegs, sagten sie: „Da nuff zum Waltenberger Haus". Wir warnten sie mit freundlichen Worten, dass sie mit dieser „Ausrüstung" ganz sicher ein Riesenproblem bekämen. Die „Rothaut" blaffte uns daraufhin an, wir sollten uns um unsere eigenen Sachen kümmern, sie wären ja schon einmal im Gebirge gewesen. Da hatten wir's!

Im Herbst hört man hier recht oft den Rettungshubschrauber fliegen. Der Bernhard hat dann immer den gleichen Kommentar: „S' hat wieder an Engländar ra'g'schlage."

Mit unserem Pick-Up fuhren wir in aller Herrgottsfrühe bis vor das noch in tiefer Ruhe daliegende Gasthaus Einödsbach. Der zinngraue Himmel zeigte sich nach dem leichten Schneefall der Nacht wolkenverhangen. Es schien, als könnte es ein guter Tag, so recht für den einsamen Jäger werden. Schweigend, Fuß vor Fuß setzend, gelangten wir, die Hänge immer wieder abglasend, weit hinein in das wildbizarre Tal. Rechts vom Steig geht's steil hinab ins Bachbett, in dem herbstmüd die spärlichen Schmelzwasser der letzten Tage zu Tal rannen. Drunten, unterhalb von Einödsbach, vermengen sich die Wasser mit dem Rappenalpbach, um dann als Stillach weiter gen Oberstdorf zu tosen und sich dort mit den anderen Bergbächen der Nachbartäler zur Iller zu vereinigen. Drüberhalb des unter uns liegenden Bachbettes steilen die unbegehbaren Hänge hinauf zum gamsreichen Heubaum. Linker Hand ist der schroffe Berghang von vielen kleinen und größeren Schluchten zerrissen, mit so schönen Namen wie „Kätzlestobel" oder „Hölltobel". Hier gibt's nach Südwesten zu vielerlei Einstände und Äsung mit kleinen Inseln von Laublatschen, in die sich die Gams zurückziehen können.

Jetzt standen sie, schon fast schwarz im Winterhaar, äsend auf den Lahnergrasstreifen, den steilen „Gehren". Lauter Kitzgaisen, junges Graffel.

Tiefe Gräben überquerend, gelangten wir zu dem Platz, an dem ich den Bock vor zwei Wochen entdeckt hatte. Die Brunft war noch ferne, so konnten wir annehmen, dass er hier am Hölltobel seit der Feistzeit noch immer seinen Einstand haben könnte.

Als wir uns am Steig niederhockten, begann es leicht zu schneien. Der Hölltobel, ein schroffer Einschnitt in den Berghang, ist beiderseits begrenzt von steilen Gehren – im übrigen Alpenraum heißen sie Lahner –, deren ockergelbes Herbstgras jetzt langsam von sacht niederschwebenden Flocken zugedeckt wurde. Da sah ich droben, wo die Felswände beginnen, eine Bewegung. Das Spektiv zeigte mir das hamsterbackige

Gesicht eines Gams. Sein Körper wurde – es war ein sehr steiler Winkel nach dort oben – von einem davor liegenden Felsbrocken verdeckt. Ich erkannte ihn gleich wieder. Das war er, der Gesuchte von der Hirschbrunft.

Wiederkäuend lag er auf seinem Ausguck. Das konnte dauern, bis der sich wieder erheben würde, aber wir hatten ja Zeit. Unsere Hunde lagen am Steig, wohl zugedeckt mit dem Wetterfleck. Hauptsache der Hund hat's gut! Meine Schweißhündin Silva lag einträchtig neben Bernhards Steirischem Rauhhaarrüden Grolli.

Die zwei Gleichaltrigen liebten sich von Anfang an. Jedesmal, wenn wir wieder im Jagdhaus angekommen waren, saß unsere Silva auf der Fensterbank und hielt Ausschau nach ihrem Freund. Der ließ auch nie lange auf sich warten. Wie durch eine geheime Botschaft erschien er. Woher wusste er, dass wir wieder da waren? Sein Herr wohnte gut 600 m entfernt. Da konnte er von unserer Ankunft nichts mitbekommen haben. Doch was wissen wir mit unseren unzulänglichen menschlichen Sinnen?

Wenn er dann zu uns herein durfte, wurde er von der Hündin freudig begrüßt. Er konnte aus ihrer Wasserschüssel trinken, doch wenn er bloß ihr Körberl anschauen wollte, da wurde die „Rote Hündin" aasig. Genauso durfte er auch nie hinauf zu unserem Schlafzimmer. Dann stellte sich die Silva vor die Treppe und warnte mit blitzweißen Zähnen in ihrem schwarzen Gesicht. Wild, das ich erlegt hatte, durfte er nicht einmal anschauen, da war sie wie der Satan davor. Doch wenn Andere die Erleger waren, das war für sie uninteressant und keinen Streit wert.

Jetzt lagen sie friedlich unter dem Kotzen, der langsam zuschneite. Wo die Hundekörper darunterlagen, taute der Schnee und es bildeten sich kleine Wasserpfützen auf dem Loden. Langsam ließ das Schneetreiben nach. Zurückblickend sah ich auf einmal, dass ein Mensch mit roter Jacke auf unserem Steig näherkam. Vorbei mit der Einsamkeit. Nichts hasse ich mehr als Zuschauer bei der Jagd. Bei dessen Näherkommen schwand mein Groll, denn es war ein bildsauberes Mädchen. Etwas verwundert betrachtete sie unsere eigenartige Gruppe mit dem zugedeckten Hundelager. Doch dann, als wir ein paar freundliche Worte gewechselt hatten, wünschte sie mir lachend Waidmannsheil und schritt weiter gen Talschluss. Wenn das kein gutes Omen ist!

Wir vertrieben uns die Zeit mit Geschichten der vergangenen Hirschbrunft, und nach gut einer Stunde ließ sich der Herr Gamsbock endlich genauer anschauen. Wie hingezaubert stand er auf einmal auf dem verschneiten Hang, schüttelte sich den Schnee aus der Decke, dass es staubte, und ein beachtlicher Pinsel zeigte sein reifes Alter. Das war's, was wir noch sehen wollten. Der Schuss steil da hinauf – es waren gut 150 m – würde nicht einfach werden. Dadurch, dass vor mir das Gebüsch der Laublatschen aufragte, konnte ich nicht im Liegen schießen. Auch gab es keine Möglichkeit, näher heran zu kommen. Ich hockte mich bequem nieder und strich die Kipplaufbüchse am Bergstecken an. So ging es ganz gut. Ruhig stand das Fadenkreuz bewusst tief kurz hinter dem Blatt. Im Schuss sah ich den Schnee von der Gamsdecke aufstäuben, dann verschwand der Schwarze mit zwei mühsamen Fluchten hinter dem nächsten Felsbrocken, wo er nicht mehr hervorkam. Ich hatte das Gefühl, doch ein wenig zu mittig abgekommen zu sein. Doch der Gams lag sicher, nur hieß es jetzt wieder: Zeit lassen.

Der Bernhard hatte die Idee, dass er aus dem Geländewagen die Kraxe holen ginge. Das wäre doch bequemer. Ich ließ ihn gerne gehen, denn dort hinauf, bei dem rutschigen Gelände war ich heute im Vorteil. Ich hatte die schweren Schuhe mit den scharfen Tricuoni-Beschlägen an, die mir sicheren Halt geben würden. Die berüchtigten Allgäuer Grasberge hatten mir Respekt eingeflößt, als ich einmal mit normalen Bergschuhen ins Gleiten gekommen war und gerade noch im letzten Moment Halt an einem Latschenast gefunden hatte, bevor's in den Abgrund ging.

Nach einer angemessenen Zeit versteckte ich meinen Rucksack und stieg mit Büchse und Hund hinauf. Bei jedem Schritt war ich froh um meine Griffschuhe. Da gab's kein Rutschen, kein Ausgleiten, obwohl es hier kirchendachsteil ist. Als wir endlich droben vorsichtig hinter den Felsen lugten, hatte der Gams das Haupt noch oben. Gut, dass ich die Büchse dabei hatte. Schnell beendete der Schuss auf den Träger sein Leid. Ich war tatsächlich zu weit hinten abgekommen. Ich nahm den Bock an den mitgebrachten Strick und hinunter ging's. Die Silva wollte ihn jetzt, wie es ihre Art war, noch mal beuteln, doch im Hinuntergleiten überschlug sich der Gamsbock und traf sie schmerzhaft mit den Krucken. Das war ihr eine heilsame Lehre, ich war froh darum, denn mit Gams ist bei der Nachsuche nicht zu spaßen. Da wird ein Hund schnell gehakelt und schwer verletzt. Seitdem zeigte sie bei aller Schärfe Respekt vor dem Krickelwild.

Unten beim Steig brach ich ihn auf und genoss es, allein beim Wild sitzen zu dürfen. Nur die Kolkraben strichen ungeduldig mit fauchenden Flügelschlägen über mich hinweg. Wie immer sind sie – die ersten Gratulanten des Jägers – bald nach dem Schussknall zur Stelle und warten auf ihren Anteil. Die Zeit verging. Kein Bernhard in Sicht. Ich konnte mir den Bock nicht selber aufladen, denn ich hatte mir beim Hirschliefern einen Rückenwirbel verklemmt, der erst jetzt wieder einigermaßen in Ordnung gekommen war. Also weiter warten.

Endlich tauchte talaus eine Gestalt auf. Doch das war nicht der Berufsjäger. Es war ein alter Mann – ein Einheimischer. Fachkundig beäugte er den Gamsbock und dann, als er mir gratuliert hatte, sang er mir ein Lied. Ein Lied vom Gemsle im Gwänd. Bei all meiner Abneigung gegen Publikum, das fand ich stimmig, das passte hierher.

Langsam machte ich mir Sorgen um den Bernhard, denn es war schon später Nachmittag, und die Tage waren kurz. Also nahm ich den Silbergrauen an den Strick und zog ihn hinter mir drein. Zum Glück lag eine dünne Schneedecke; das Ziehen ging leicht. Nur über den tiefen Grabeneinschnitt beim Kätzlestobel, da musste ich mein armes Kreuz wieder belasten und den Bock aufbuckeln. Und der hatte sein gutes Gewicht, jetzt, noch vor der Brunft. Als ich da aus der Tiefe wieder auftauchte, stand auf einmal der Bernhard vor mir.

„Ja, wo bist denn so lang g'wesen, du Kog?"

„I hab mir bloß a „Halbele" in der Wirtschaft `kauft."

„So, und das hat zwei Stund' gedauert! Jetzt pack dir aber den Krampus auf, und dann kauf ich mir ein Halbele, und nicht bloß eins!"

Bei einer gehörigen Brotzeit mit Befeuchtung saßen wir dann bis zum Dämmern als letzte Gäste der Saison im Gasthof. Die Nacht war bereits eingebrochen, als wir gestärkt und glücklich bergab und heimzu rollten.

* * *

Anfang November war ich mit einem lieben Freund und Jagdgast wieder im Birgsau-Tal. Das Wetter war sommerlich warm, so dass wir am Hubertustag draußen vorm Jagdhaus frühstücken konnten. Freund Werner aus dem Ruhrgebiet war schon öfter bei uns zu Gast gewesen, und ich wusste, dass er mit dem steilen Gelände gewisse Probleme hat. Nun, wir hatten auch leicht begehbare Plätze und weiter hinten im Tal gibt's ein paar aussichtsreiche Bodensitze gleich neben dem Weg.

Wir wollten zu dem Sitz am „Brennte-Wing-Gehre" – dem Branntwein-Gehren. Warum er so heißt, wusste nicht einmal der Bernhard, und der war hier im Tal geboren. Vielleicht hat sich dort in grauer Vorzeit ein Mäher übermäßig mit Branntwein gestärkt – oder etwa gar ein Jäger? Der breite, steile Grashang zieht sich etwa 200 m hoch hinauf, bis zum Beginn der Wald- und Felsregion. Hier wechselt das Wild gerne äsend durch, und wir hatten noch Etliches zu erlegen. Schon am frühen Nachmittag fuhren wir, immer die Hänge abspekulierend, ins Rappenalptal hinein. Die Talstraße ist wegen der Weidewirtschaft tadellos geteert. Sie führt fast in ganzer Strecke durch das 11 km lange Revier, von der Jagdgrenze bei der Fellhornbahn bis sie sich in steilen Kehren zur Trift-Hütte unweit der Landesgrenze, dem südlichsten Punkt Deutschlands, hinaufwindet.

Wir machten es uns in dem Bodensitzerl bequem. Der pfludrige Wind war nicht ganz nach meinem Geschmack, verhieß er doch nahen Wetterwechsel. Aber wenn das Wild weiter oben durchziehen würde, dann konnte er uns nichts verderben. Und bald zog auch eine Rehgeiß mit einem Kitz auf die freie Fläche. Es war nicht weit, und ich bat den Werner, das Kitz zu schießen, ich wollte dann die Geiß erlegen. Auf seinen Schuss schlittelte das Kitz verendet bis fast vor unseren Sitz. Die Geiß machte mir jedoch nicht den Gefallen, wenigstens eine Sekunde zu verhoffen. Sie sprang mit gespreiztem Spiegel hoch hinauf, bis zum oberen Ende des Gehren. Noch ein kurzes Standerl machend, äugte sie nach unten. Ich schoss ein wenig zu hastig und sie kugelte, sich immer wieder überschlagend, ebenfalls fast bis zum Talboden herab. Verendend hob sie noch einmal das Haupt, dann war es vorbei. Das gefiel mir irgendwie nicht. Als ich nach dem Einschuss suchte, erschrak ich zutiefst. Ich hatte ihr einen – ja ich muss es gestehen – Äserschuss verpasst. Zum Glück hatte sich das Geschoß so zerteilt, dass der Nackenwirbel mitgetroffen war. Es war unentschuldbar. Ich hatte, leichtsinnig geworden, durch eine monatelange Serie weiter, tadelloser Schüsse geglaubt, ich hätte „Freikugeln", wie der schwarze Kaspar aus dem Freischütz. Dieses Glück im Unglück holte mich wieder auf den Boden zurück und ich schwor mir äußerste Sorgfalt.

Ich wollte mir gar nicht eine Nachsuche in diesem Gelände vorstellen. Ein guter Hund ist noch lange kein Freibrief für Leichtsinn.

Am nächsten Tag wollte ich dem Freund den südlichsten Ausläufer des Reviers zeigen. Der Föhn war zusammengebrochen und ein kalter Wind blies von Westen über die Gipfel der Schafalpköpfe. Da noch kein Schnee lag, konnten wir auf dem

Alpweg in steilen Serpentinen bis ganz hinauf fahren. Wir ließen unseren Pick-Up droben an der Trift-Hütte und wanderten bis zur Jagd- und Landesgrenze. Dort kann man bis weit ins Lechtal hineinschauen. Wir dachten uns noch nichts, als es auf einmal zu schneien begann. Doch da wir hier oben keinen Anblick hatten – auch die im Sommer so zahlreichen Murmel lagen schon lange im Winterschlaf –, wollten wir wieder zu Tal fahren. Doch das war durch den nassen Schnee auf der Teerstraße ein echtes Problem geworden. Nach der ersten kurzen Rutschpartie drohte der Wagen seitlich den Hang hinabzustürzen. Aber das Auto musste jetzt ins Tal gebracht werden. Es konnte heute zuschneien und dann müsste es bis zum Frühsommer hier oben stehen. Der Werner stieg aus, nahm Gewehre und Hund und wollte zu Fuß nebenher gehen. Dann „bettelte" ich den Wagen wirklich Zentimeter für Zentimeter zeilupenlangsam abwärts. Ich will nicht leugnen, dass ich dabei schweißnass wurde. Besonders haarig war's bei den Kehren, weil der Pick-Up einen verteufelt großen Wendekreis hatte und die Straße stark talwärts hängt. Immer wieder drohte das Fahrzeug unhaltbar abzurutschen, doch wir hatten noch mal Glück gehabt. Ich sah es als Buße für mein gestriges Schießen an.

Doch die grünen Geister schienen noch nicht völlig besänftigt zu sein. Nachdem aufatmend die Gefällstrecke hinter uns gebracht war, wählte ich einen bequemen Platz für den Abendansitz unweit des Jagdhauses. Der Schneefall hatte aufgehört, und es versprach ein ruhiger Abend zu werden. Es klarte auf, und warm eingepackt, hockten wir auf einem Bodensitz. Vor uns eine geräumte Windwurffläche, auf der schon junge Fichten und Buchen in die Höhe gekommen waren.

Als es dämmerte, zog ein zukunftsfroher Spießer mit einem Schmalstuck, vielleicht ein Geschwisterpaar, in den Schlag. Wir ließen sie auf beste Schussentfernung herankommen, dann bedeutete ich dem Freund, dass er das weibliche Stück schießen könne. Mit hoher Flucht zeichnete es und brach kurz darauf zusammen. Unsere Freude über den schönen Abschluss war groß.

Zum Aufbrechen wollte ich es hinunter zum Waldrand ziehen und schlaufte sein Haupt in meinen Berge-Strick. Auf der leichten Schneedecke ging es gut dahin. Doch plötzlich hatte es sich an einem alten Wurzelstock verhangen. Wütend zog und zerrte ich, aber es rührte sich nicht. Anstatt das Stück von den Wurzeln zu befreien, zog ich noch wilder und hängte mich mit aller Kraft ins Seil. Mit einem Knall riss der Strick und mich warf es wie katapultiert rückwärts auf einen Baumstumpf. Und ich hatte meine Büchse quer über den Rücken hängen.

Meine erste Sorge galt der geliebten Braut. Gott sei Dank war sie seitlich unversehrt im weichen Schnee gelandet. Mein Buckel hatte dafür alles abgekriegt. Ein spitzer Ast hatte sich in die Lodenjoppe gebohrt. Die war zum Glück so fest, dass er nicht ganz durchdringen konnte. Im Sommer, leicht gewandet, wär's bös ausgegangen, da hätte mich der Ast wie einen Käfer aufgespießt. Grollten denn die grünen Geister noch immer? Hätte ich am „Brennte-Wing-Gehre" ein Branntweinopfer bringen müssen? Etwa nach Art der Mongolen, die mit dem benetzten Ringfinger den Wodka in die Himmelsrichtungen verteilen?

Nun gut. Ich hatte verstanden. Am Abend brachten wir ein gehöriges (ungebranntes)Wein-Opfer nach unserer Art zur Anwendung. Aber zur innerlichen.

* * *

Im Jahr darauf machte ich mit meiner Frau während der Gamsbrunft Urlaub in der still gewordenen Birgsau. Wir haben es immer genossen, wenn am Sommerabend die bunten, lauten Ströme der Wanderer versiegt waren und das Tal wieder nur seinen Bewohnern gehörte. So war es auch jetzt nach der Bergwander-Saison. Kaum ein Mensch war um die Wege, kein „Huhu", „Kuck ma!" und „siehste mir?". Nur ab und zu ein stiller Genießer der atemberaubend schönen Bergwelt.

Wir hatten zusammen Kahlwild gejagt und ein paar Stücke Rehwild erlegt; jetzt lockte mich ein Gamsbock. Der Bernhard

war eines Abends zu uns gekommen und beim Dämmerschop-
pen hatte er einen heißen Tipp:

„Grad da am Leiterberg, da stoht a reacht a güeter Gems.
Den sottesch alüege! Aber vergiss it, mir brüchet noch Rotwild!"

Der Leiterberg zieht sich mit seiner südwestseitigen Hangla-
ge entlang der kleinen Ortschaft Birgsau mit ihren sechs Häusern vom Talgrund bis hinauf zum Wildgundkopf hin. Er ist
zu jeder Jahreszeit ein begehrter Einstand. Die drei Schalen-
wildarten teilen sich die Höhenregionen, wobei es natürlich
vorkommen kann, dass auch einmal ein Gams ganz herunten
steht.

Bernhards Hinweis wollte ich nur zu gern folgen. Ich habe
nie zuvor und auch nie hernach mit einem Berufsjäger gejagt,
der sein Wild besser kannte als dieser Naturmensch. Wenn er
meinte, ich solle mir den oder jenen „alüege", so konnte ich
nichts Gescheiteres tun, als ihn mir anzuschauen. Und seinen
Wunsch, noch Rotwild zu schießen, den hörte ich schon jedes
Jahr, denn die Jagdgäste waren nur auf Trophäenträger aus.
Das war auch meistens besser so.

Unsere gemütliche Zweisamkeit wurde jäh unterbrochen, als
unser zweiter Hund, unser Riesenschnauzer, sehr krank wurde
und meine Frau mit ihm zu unserem bewährten Tierarzt nach
München reisen musste. Mit meiner Silva hauste ich nun allein
im still gewordenen Jagdhaus.

Der Bernhard hatte mir beschrieben, wo er den guten Gams-
bock umeinandersuchen gesehen hatte. Fast genau gegenüber
seinem elterlichen Hof, der etwa 600 m talaus von unserem
Jagdhaus entfernt ist, zieht sich eine steile Schotterriese den
Leiterberg hinauf bis unter die gipfelnahen Felswände des
Wildgundkopfes. Auf halber Höhe teilt sich die Riese in zwei
Arme, so dass sie vom Tal ausschaut wie ein großes Y. In dieses
Y ragt eine Waldzunge hinein, die deswegen auch der „Spitz-
wald" heißt. Diese beiden Schotterrinnen wollte ich nun im
Auge behalten, denn ein suchender Gamsbock macht weite

Wege und irgendwann muss er dann wohl auch hier durch. Ich suchte mir einen Platz, von dem aus ich noch beide Rinnen beschießen konnte, wenn der Gesuchte nicht allzuweit oben durchwechselte. Mit genügend Tee, einer guten Brotzeit, einer warmen Unterlage für den Hund gedachte ich den Tag, vorausgesetzt, der Wind passte einigermaßen, zuzubringen. Was ich erst droben mit Erstaunen sah: da gab es ja eine Ansitzhütte. Der Bernhard war wohl der Annahme gewesen, dass ich das längst wusste. Es war einst eine Kanzel gewesen, der eine Steinlawine auf einen Schlag alle vier „Beine" abgeschlagen hatte. Wieder hergerichtet, stand nun ein kleines Häuschen da. Es fehlte nur das Herzl an der Tür. Hier ließ sich's trefflich aushalten, da spielte auch der Wind keine so große Rolle mehr. Bei voll geöffneter Türe hatte ich auch nicht das Gefühl des Eingeschlossenseins, was mir zur Bergjagd überhaupt nicht passt.

Den Bergstecken hatte ich als Auflage fest eingeklemmt, denn ich musste mit einem weiten Schuss rechnen. So konnte ich auch die Stimmen der Stille vernehmen – das silberhelle Wispern der Goldhähnchen, das leise Geschwätz der Fichtenkreuzschnäbel, die über mir im Gezweig wie winzige Papageien herumturnten. Nur plagte mich derzeit ein hundsgemeines Ohrenweh. Von Zeit zu Zeit fuhr ein Schmerz wie mit glühender Nadel durch meinen Kopf. Wer kennt das nicht? Um ihn zu lindern, hielt ich ununterbrochen meine rechte Hand auf das wehe Ohr, denn die Wärme tat gut. Und als ich da so mit mir und meinem Lauscher beschäftigt war, zog auf einmal, kaum sechzig Meter entfernt, ein Gams über die Riese. Glas hoch! Ja Herrschaftszeiten, das ist er ja! Teufel aber auch, dass das so geschwind geht! Bis ich zur Büchse greifen konnte, hatte er sich abgewendet und zog, mir den Spiegel zukehrend, nach links in den Spitzwald. Ich wehleidiger Träumer! So ein Bock, der einem den Blutdruck schon hochtreiben konnte. Ich hätte ihn leicht anblädern können. Nichts war mir „großem" Jäger eingefallen. Da konnte einem schon die Galle pelzig werden. Alles weitere Ausharren an diesem Tag war vergeblich.

Den Abend widmete ich dem Ohr mit Wärme. Und als ich am nächsten Morgen wieder am gleichen Platz der kommenden Dinge harrte, gab auch das Ohr endlich Ruhe. Eine so einfache Wiederholung war aber nicht vorgesehen. Als die Mittagsstunde bereits vergangen war, zog hoch droben ein kleines Rudel Rotwild unter einer Felswand durch. Leitstuck, Kalb, Schmalstuck, noch ein Kälberstuck, guter hoher Spießer und zum Schluss, wie als Nachzügler, ein geringer Schmalspießer, grad mal luserhoch. Ich dachte an Bernhards Ermahnung, dass wir noch Rotwild bräuchten. Herrschaft, das war weit bis da hinauf! Aber solche Schüsse sind im Berg fast an der Tagesordnung und ich kenne meine Kugel wohl. Der kleine Trupp dort oben hatte verhoffend haltgemacht. Ganz ruhig brach mir der mitteblatt gezielte Schuss. Rollend fuhr das Echo des Donners über die Bergwände. Die da droben ruckten an und waren schon gleich außer Sicht. Kein Zusammenbrechen, kein Herabwalgen, nichts. Schöne Bescherung! Da müssen wir hinauf! Da kann die Silva, die vor zwei Wochen die Vorprüfung gemacht hatte, zeigen, was sie gelernt hat. Wir gaben noch eine Stunde zu. Dann nahm ich nur das Nötigste im Rucksack mit, in dem wie immer auch ein Schweißriemen ist. Langsam stapften wir durch den wadentiefen Schnee hinauf zum Anschuss. Das brauchte auch seine Zeit, denn über das verschneite Felsgetrümmer war kein gutes Steigen. Endlich oben am Wechsel schaute ich hinunter zur Bodenkanzel. Ja, das war schon gehörig weit, bis hier hinauf! Am Anschuss langes Schnitthaar, wie vom Vorschlag. Kaum Schweiß, und der war eher wie Wildbretschweiß. Ich dockte den Schweißriemen ab, während die Silva mich in freudiger Erwartung anschaute. Dann zogen wir los. Anfangs etwas mehr Schweiß, dann wurde er immer weniger in der gut zu haltenden Fährte. Der Spießer hatte sich nicht vom Rudel getrennt. Die Gesellschaft war, auf gleicher Höhe bleibend, talauswärts gezogen. Voll konzentriert der Fährte nachhängend, zischte mir auf einmal der Pfiff eines Gams ins Ohr. Aufblickend traf es mich wie ein Schlag. Da stand „mein" Bock mit einer Gais etwa fünfzig Meter oberhalb neben einem Latschenboschen, stampfte mit dem Vorderlauf in den Schnee und pfiff mich an. Die Versuchung war riesengroß. „Hingeblitzt und er ist Dein!", raunte mir der schwarze Samiel ins Ohr. Doch es gibt für mich ein Gesetz, das besagt: Erst muss der erste Anschuss geklärt sein, bevor eventuell ein zweiter produziert wird!

Schweren Herzens hielt ich mich nicht auf und wir zogen weiter. Nach etwa einem Kilometer kamen wir auf den „Brennte Rucke", einen Bergrücken, auf dem vor langer Zeit wohl ein Brand stattgefunden haben musste. Hier war kaum noch ein Tropfen Schweiß zu finden und das Stück hatte sich auch nicht abgesondert. Nachdem wir der Fährte noch einem weiteren ebenen Verlauf nachgehangen hatten, sah ich, dass sich das Rudel steil nach oben in die Latschen gewendet hatte. Da ich mit Sicherheit einen Laufschuss ausschließen durfte, konnte ich auch nach den anderen Pirschzeichen annehmen, dass ich ihn nur am Vorschlag gestreift hatte. Die spätere, nochmalige Kontrolle des Anschusses bestätigte das, da fand ich auch den Kugeleinschlag in der entsprechenden Höhe auf dem Felsen. Wo hatte ich nur meine Augen gehabt?

Wir beendeten die Nachsuche, und ich trug die Hündin ab. Schweißriemen in den Rucksack und zurück auf eigener Fährte. Abkürzend, gelangten wir auf die Riese links vom Spitzwald. Und als wollten mich die grünen Geister belohnen, stand blädernd mittendrin der gute Bock. Jetzt gab's kein Zaudern. Schnell setzte ich mich in den Schnee, strich am Bergstecken an, und im Knall und Schall versank der Gams im Schnee. Ich konnte mein Glück nicht fassen. Nach dieser Patzerei noch eine solche Chance zu bekommen! Ich ließ meinen Puls und vor allem den Hund zur Ruhe kommen, der alles mit angeschaut hatte. Als wir hinüberstapften, steinelte es ober uns und ein faustgroßer Stein surrte knapp an mir vorbei und streifte die Hündin leicht am Hinterlauf. Sie klagte kurz auf, doch es war zum Glück nichts Arges passiert. Ich schaute, dass ich zum Bock kam und zog ihn hinunter bis zu unserer Ansitzhütte. Dort waren wir in Sicherheit. Und jetzt gab ich mich auch meiner jubelnden Freude hin.

Der Gams konnte sich wahrlich sehen lassen. Nach einer kleinen Feier mit den Resten der Brotzeit – der Hund bekam natürlich auch seinen Teil –, ging's ans Bartrupfen. Der war nicht übermäßig lang, doch wunderbar meerschaumweiß bereift. Dann stieg ich noch einmal ein Stück hinauf und holte mir von droben die Latschenbrüche.

Nach dem Aufbrechen hing ich den Schwarzen vor mir in eine Fichte und genoss den Anblick meiner schönen Beute. Als wir am späten Nachmittag wieder drunten beim Jagdhaus waren und den Bock in die Wildkammer gehängt hatten, war es mir eigentlich noch zu früh, um jetzt schon zu Bau zu fahren. Der Bernhard war noch unterwegs, er hatte mir was von einem besonders wichtigen Gast erzählt, einem Industriemagnaten, der unbedingt zu Schuss kommen sollte. Bis er zurück sein konnte, würde es spät werden, denn er gedachte ganz hinten im Tal sein Glück zu versuchen. Zur besonderen Feier wollte ich heute einen ganz erlesenen Wein beim Kerzenschein zelebrieren und holte mir aus dem Keller einen „Tignanello". Ich entkorkte die Flasche und dachte mir schon die entsprechende Speise dazu aus.

Dann hing ich mir die Büchse übers Kreuz – Fuchs kann immer kommen – und stieg hinüber zum Finkenberg, von wo aus ich, jenseits der Stillach, hinüberschauend zum Leiterberg, den Tag nachverkostend noch einmal erleben konnte. Als die ersten Sterne am Firmament aufblitzten, schritt ich gemächlich hüttenwärts.

Um die Ecke des Jagdhauses biegend, sah ich im Schein der Hoflaterne einen Mann auf der Bank vor dem Eingang sitzen. Ich kannte das. Der Bernhard lieferte seine Jagdgäste nach der Pirsch immer hier ab und verdrückte sich nach Hause. Entweder sie werden dann hier schon erwartet, oder früher oder später von einem der beiden federführenden Jagdherren abgeholt und eventuell im Jagdhaus untergebracht.

Der Mann machte einen total verfrorenen Eindruck, ganz zu-
sammengezogen saß er da. Mein freundliches „Guten Abend!"
beantwortete er nur mit einem knappen Kopfnicken. Sein glat-
tes Gesicht kam mir irgendwie bekannt vor. Sicher aus dem
Wirtschaftsteil der Zeitung. Gekleidet war er wie einer jener
Typen, die wir insgeheim „Katalogjäger" nennen. Auf dem
Kopf trug er einen breitrandigen „Indiana-Jones-Hut" mit Le-
derband. Die sind jetzt Mode. Na, immer noch besser als ein
Cord-Hut.

Auf meine Frage: „Kann ich Ihnen irgendwie behilflich sein?"
kam nur ein kurzes „Nein!"

Sicher hielt er mich für einen der Berufsjäger. Kein Wunder,
mit meiner alten Lodenjoppe, die nur noch von Lederflickerln
zusammengehalten wird, sah ich nicht besonders nobel aus.
Dazu noch der Berufsjägerhund.

Ich ließ nicht locker, denn es konnte lang dauern, bis der
Mann versorgt werden würde.

„Bitte kommen Sie doch in meine Wohnung, da ist es warm
und man findet Sie dort gewiss! Es ist ja bitter kalt da heraußen." Ich stellte mich vor, wie es sich gehört. Er blieb die Erwi-
derung schuldig.

Ein wenig widerwillig erhob er sich und folgte mir um die
Hausecke zu unserer Einliegerwohnung. Ich bat ihn abzule-
gen und Platz zu nehmen. Da der geöffnete Wein schon bereit stand, bot ich ihm ein Glas an. Als er das Etikett erkannte,
bekam er Augen, so groß wie Suppentassen. Als erstes wurde
der Hund gefüttert und dann fragte ich ihn, da ich selber gehörigen Hunger hatte, ob er eine Portion „Spaghetti al Pomo-
doro" mitessen möchte. Wieder dieses knappe „nein!", aber er
schluckte schon einmal.

Sein Gehabe störte mich keineswegs, ich kenne diese Sorte,
die Hemingway so treffend als „Pescecani" (Haie) bezeichnet.
Gut, sagte ich mir, von dir lasse ich mir den Appetit nicht verderben! Reden wollte er auch nicht – um so besser. Ich kann
auch ganz toll schweigen, notfalls habe ich zur Unterhaltung

meinen Hund. Aus dem Augenwinkel beobachtete ich ihn, während ich den „Sugo" herstellte. Er wurde nicht schlau aus der Lage. Als die Spaghetti dampfend mit dem frisch zubereiteten Tomatensugo auf dem Tisch standen, fragte ich nochmals nach – und – da schau her! Er sagte ja.

Wortlos speisten wir, tranken den phantastischen „Tignanello" und ich amüsierte mich königlich. Als ich dann abgeräumt hatte, holte ich den Humidor und bot ihm eine „Monte Christo" an, auch weil ich selber heute ein besonderes „Rauchopfer" bringen wollte. Wieder diese „Suppentassen-Augen". Sicher dachte er, dieser Tölpel von Berufsjäger hat auch die Zigarren als Geschenk eines Jagdgastes erhalten.

Als der Wein zur Neige gegangen war, hob die Hündin den Kopf und knurrte warnend. Es polterte an der Türe und herein kam Sepp, der Jagdherr. In Händen hielt er einen großen Topf, darinnen waren Pellkartoffeln. Dazu hatte er noch einen Ranken Bergkäs' dabei. Das sollte das Nachtessen für den feinen Herrn sein. Der konnte mit Sicherheit keiner seiner eigenen Gäste sein, der passte besser zu seinem Partner.

Ich deckte nochmals auf, stellte Olivenöl und grobes Meersalz dazu. Ein schlichtes, aber herrliches Gericht. Sepp und ich langten zu. Aus dem Keller holte ich Bier, es schmeckte schon wieder. Nach dem Motto: „Der Jager und sei' Hund, die fressen alle Stund'!" Kartoffeln lehnte der Herr ab, aber vom Bergkäs' probierte er dann doch, wenn auch mit „spitzen Zähnen".

Nachdem ich dem Sepp von meiner Nachsuche und der anschließenden Erlegung des Gamsbockes berichtet hatte, wollte er mir auch eine tolle Nachsuchengeschichte erzählen, die ein gemeinsamer Jagdfreund kürzlich erlebt hatte. Dabei war es ihm vollkommen egal, ob der Gast ein einziges Wort verstand. Für einen Fremden ist es fast unmöglich, den kehligen Oberstdorfer Dialekt zu verstehen.

(Ich gebe deshalb die Geschichte in Schriftdeutsch wieder) :

„Du kennst doch den Markus, den mit dem guten Wachtel. Wie du weißt, ist er drüben im Rohrmoos ständiger Jagdhel-

fer. Hast du gewusst, dass er eine Torero-Ausbildung hat? Jetzt
pass auf! Ein Gast hatte Ende der Brunft einen Hirsch ange-
schweißt und er sollte die Nachsuche machen. Den Schützen
hat man mitgeschickt, damit er ihn einweist und auch begleitet. Am Anschuss fand er alle Anzeichen für einen Waidwundschuss. Am Morgen war der Schuss gefallen und jetzt war's
Mittag, also konnte die Nachsuche beginnen. Die Zwei glaubten, dass sie den Hirsch kurz darauf bloß zusammenzuklauben
bräuchten. Aber Pfeifendeckel! So ein Brunfthirsch ist extrem
hart, und die Suche ging in schwieriges Gelände. Der lange
Repetierer war dem Markus beim Steigen recht lästig und so
hat er ihn unterladen dem Gast zum Tragen gegeben. So ist es
halt bergauf, bergab gegangen, ab und zu Schweiß, aber immer noch kein Hirsch. Der Schütz' hat bald nimmer können,
geschnauft hat er wie eine Dampflok. So eine Steigerei war er
halt nicht gewohnt. Weil er immer weiter zurückgeblieben ist,
hat der Markus ein Erbarmen gehabt, hat sich die Büchs' wieder geben lassen und den Mann heimgeschickt. Nach einer
halben Stunde ist er dann an ein frisches Wundbett gekommen, der Hund ist ganz narrisch geworden und so hat ihn der
Markus geschnallt. Bald hat er Standlaut gehört, der Hund war
am Hirsch und hat ihn gestellt. Ganz leise hat er sich ange-
pirscht und, wie er glaubte, eine Kugel in den Lauf repetiert.
Aufgefahren, als der Hund aus der Schusslinie war, und wie
er abdrückt, macht's nur „klick"! Auf das hin sind Hirsch und
Hund auf und davon und der Markus flucht auf die schlechte
Munition. Als er eine neue Patrone aus der Kammer repetie-
ren will, trifft ihn fast der Schlag. Da hat doch dieser „Heiden-
sakra" von Jagdgast zur Sicherheit alle Patronen rausrepetiert
und sie ihm nicht zurückgegeben. Jetzt hättest ihn fluchen hören können. Der Hirsch todwund, er kann schon bald nimmer,
aber keine Munition in der Büchs' und kein Revolver dabei.
Zurück ging's auch nicht mehr, der Tropf von Jagdgast war
inzwischen weiß Gott wo. Doch der Hirsch muss her! Zum
Glück hat er ein g'scheites Messer dabei. Den Hund hört er

jetzt wieder stellen. Ganz vorsichtig hat er sich von hinten angeschlichen. Wie der Hund ihn kommen sieht, ist er ganz wüst scharf geworden, so als ob er gewusst hat, was sein Herr vorhat. Er hat sogar versucht, den Hirsch an der Drossel zu packen. So hat er ganz nah herankommen können. Er legt die Büchs' in den Schnee und mit einem wilden Sprung hechtet er auf den Todkranken zu und rammt ihm das Messer tief zwischen die Rippen hinter dem Blatt. Der Hirsch wirft sich in die Höhe, das Messer fliegt ihm aus der Hand und ihn haut's rücklings den Berg hinunter. Als er seine Knochen sortiert hat, sieht er, dass er über und über voller Schweiß ist. Halt wie ein echter Torero. Er schaut nach , von ihm ist das nicht, also muss er doch ins Leben getroffen haben. Wie er nach dem Messer sucht, hört er seinen braven Hund wieder Laut geben. Doch jetzt klingt es ganz anders – Totverbellen. Noch achtzig Meter weit ist der Hirsch gekommen. Der Stich ist durch die Lunge ins Herz gegangen. Seinen Hund hat er druckt und abgeliebelt wie nicht gescheit. Aber frag' mich nicht, was er dann dem feinen Herrn Jagdgast verzählt hat!"

Jetzt drängte der Sepp zum Aufbruch, er will den ungemütlichen Herrn wohl auch bald los werden. Als dieser aufstand, zog er doch tatsächlich die Brieftasche, fischte einen Schein heraus und drückte ihn mir wortlos in die Hand. Da vergaß ich alle gute Erziehung, knüllte das Geld in der Faust zusammen und stopfte ihm den Knödel in die Brusttasche seines Hemdes mit den Worten: „Sie waren mein Gast! Leben Sie wohl!"

Doch unter den Jagdgästen der beiden Hauptpächter gab es nicht nur „Pescecani". Unser Hüttenbuch ist voller Einträge ähnlich „aufgeklaubter" Jäger, die kurzzeitig bei uns Unterschlupf gefunden hatten und wie eigene Gäste bewirtet wurden. Einer von ihnen, es war ein echter „Promi", hat sich mit einer lieben Zeichnung und einem Zitat verewigt, das er auf dem Giebel eines Allgäuer Bauernhauses gesehen hatte: „Wenn nur alle Leut' so wären, wie ich sein sollt'!". Und drunter hatte er geschrieben: „Die lieben Meydens sind's!" Das freut!

Die beiden waren endlich draußen. Als erstes riss ich die Fenster weit auf. Dann abwaschen, abräumen. Ich hörte, wie der Gast in sein Zimmer hinaufgebracht wurde, und dann schnurrte auch der Sepp wieder heimwärts davon.

Darauf schlupfte ich nochmals in die warme, liebe, alte Lodenjoppe. Die Silva stand schon rutenwedelnd an der Türe. Kaum draußen, sauste sie lauthals davon. Ihr Widersacher, der Stinker Fuchs, war um die Hütte geschlichen. Soll sie ihren Spaß haben! Es war klirrend kalt geworden. Ein funkelnder Sternenhimmel überwölbte bei mondloser Nacht die bleichen Berge. Minutenlang blieb ich stehen, die Stille war geradezu greifbar. Dann tappte ich durch den knirschenden Schnee zur Wildkammer.

Da hing er, mein Pelznickel. Sanft streifte ich mit meiner Hand über die seidige, schwarzzottige Decke.

Ich setzte mich noch einen Augenblick auf die Hüttenbank und ließ das Gefühl mit leisem Grauen in mir wach werden, wie es wäre, jetzt, allein droben am Berg. Ich spürte, wie feindlich die Natur in ihrer Nachtschwärze, Kälte und Verlassenheit uns Menschen ist.

Zurück in der gemütlichen Stube – die Silva hatte ihr Fuchsjagern endlich aufgegeben – freute ich mich wie ein Kind über die Geborgenheit und Wärme.

* * *

Am nächsten Morgen rief meine Frau an, der Hund wäre wieder gesund und sie würden am Tag darauf kommen. Am Mittag erschien dann der Bernhard, sein Gast war endlich zu Schuss gekommen und sofort darauf abgereist. Glücklich gratulierte er mir zu dem Bock, der, wie von ihm schon vorher geschätzt, zehn Jahre alt war. Er schlug vor, ich sollte mich nachmittags unterhalb des Rosswalds auf Kahlwild ansetzen.

Im Talgrund neben dem eiserstarrten Rappenalpbach suchte ich mir einen bequemen Ansitz. Bis zum Wechsel hinauf, den das Wild nach Breitengehren nimmt, waren es knapp hundert Meter. Lange brauchte ich nicht zu hocken. Bereits nach gut einer Stunde, noch bei bestem Büchsenlicht, erschien ein Stuck, hintennach ein Schmaltier. Ich schoss erst das Schmaltier, das in der Fährte blieb, und das Stuck, irritiert durch das rollende Echo des Knalls, verhoffte ein paar Herzschläge zu lang. Auch es versank nach kurzer Flucht im hier hinten im Tal wesentlich tieferen Schnee. Das hatte ja fein geklappt!

Bis ich beide Stücke heruntergezogen und aufgebrochen hatte, war es fast Nacht geworden. Auf jedes Stück legte ich die leere Patronenhülse und ließ, nachdem ich das eigene biologische Verstänkerungsmittel angebracht hatte, auch noch je ein Kleidungsstück auf den ausgestreckten Läufen. Morgen wollte ich die Stücke mit dem Bernhard holen. Zufrieden rollte ich auf der schmalen Straße gen Jagdhaus. Doch jäh wurde meine Fahrt gestoppt. Ausgerechnet an der schmalsten Stelle der Straße, links Felswand, rechts 60 m tiefer, steiler Abgrund, versperrte eine Lawine den Weg. Da war kein Durchkommen, und eine Schaufel hatte ich auch nicht dabei. Mir blieb nichts anderes übrig, als den Wagen ein Stück in die sichere Zone zurückzusetzen. Mit Hund, Rucksack und Büchse musste ich nun „per pedes venatorum" die vier Kilometer heimwandern.

Genau an dieser Stelle sollte sich fünf Jahre später ein entsetzlicher Unfall ereignen.

Das große Revier war inzwischen in zwei Teile halbiert worden.

Ich war längst nicht mehr dabei. Der Bernhard hatte einen neuen Jagdherrn bekommen, mit dem er recht gut auskam. Für den Winter hatte sich dieser ein seltsames Vehikel zugelegt: ein Kettenfahrzeug. Der Fahrer saß vorne allein unter einer Glaskuppel. Gelenkt wurde es durch jeweiliges Abbremsen der einen oder der anderen Kette. Der Bernhard saß frei hintendrauf mit Büchsen und Rucksäcken, denn im Fahrerraum war es zu eng. Sein Jagdherr hatte den höchsten Spaß daran, mit hohem Tempo dahinzujagen. Als sie diese besagte Stelle passieren wollten, geriet das Gefährt durch einen Fahrfehler von der Straße – der Bernhard konnte sich gerade noch nach hinten abrollen – und krachte, sich mehrmals überschlagend, in den Abgrund. Noch nach Jahren, als wir den Jäger besuchten, fing er bei der Schilderung des Erlebten zu zittern an. Er war dann den steilen Abhang hinuntergestiegen, doch jede Hilfe war sinnlos. Kopfüber war das Vehikel in den reichlich Wasser führenden Bach gestürzt. Der Schädel seines Chefs war zerschmettert. Selbst wenn das nicht gewesen wäre, so wäre er im eisigen Wasser sofort ertrunken.

Doch, wie erwähnt, bis dahin sollten noch Jahre vergehen.

Anderntags, mit Schaufeln ausgestattet, war die kleine, aber festgepresste Lawine bald in die Tiefe befördert. Dann war alles Weitere kein Problem.

Am Wild waren auch keine ungebetenen Gäste gewesen. Am wenigsten traue ich da den Kolkraben. Ich habe es in anderen Revieren schon erlebt, dass sie jede Scheu vor Patronenhülsen und anderen Mittelchen verloren hatten. Die gelehrigen Vögel hatten dann bald mit Hilfe von herbeigekrächzten Verwandten erst die Lichter des Wildes und dann aber die feinsten Wildbretstücke verspeist.

* * *

Am Mittag waren wir dann wieder alle glücklich vereint. Die beiden Hunde begrüßten sich wie lang vermisste Freunde und tollten übermütig im Schnee.

Für den nächsten Tag hatten wir nur eine Pirschfahrt geplant, wobei wir dem Roland, unserem zweiten Berufsjäger, beim Beschicken der Fütterungen zur Hand gehen wollten. Der hatte zurzeit einen Gipsfuß, und unsere Hilfe war willkommen. In der Fahrerkabine unseres Pick-Up Suzuki war es für drei Personen schon reichlich eng, so dass die beiden Hunde hinten auf der Ladefläche mitfahren mussten. Das war bei ihnen sehr beliebt, konnten sie doch so alles genau sehen und vor allem riechen. Sie waren so gut erzogen, dass sie niemals ohne Aufforderung heruntergesprungen wären. Besonders lustig war's im Sommer, wenn wir an Engstellen eine Wanderergruppe passieren mussten. Dann fuhr der Riesenschnauzer, der ein großer Menschenfreund war, oft den Verdutzten, die jetzt auf gleicher Höhe mit ihm standen, mit seinem wuscheligen Bart übers Gesicht.

Während wir die erste Fütterung beschickten, erzählte uns der Roland, dass an der Breitengehren-Fütterung, die als nächste drankommen sollte, ein spätbrunftiges Stuck eine große Unruhe durch neu auflebenden Brunftbetrieb hervorgerufen hätte. Das Tier sollte man unbedingt erlegen, denn ein Hirsch würde röhrend und kämpfend alle anderen Hirsche austeufeln. Was wir dann, bei der Fütterung angelangt, vorfanden, war die unliebsame Auswirkung der unzeitgemäßen Brunftigkeit. Ein Kalb lag da, noch lebte es, mit einem Forkelstich, aus dem das Gescheide heraushing. Schnell erlöste ich es von seinen Leiden. Es gelang in der Folgezeit nicht, das Stuck zu finden, vielleicht war auch sein Hormonschub zu Ende gegangen.

Bei unserer schweißtreibenden Arbeit merkten wir gar nicht, wie kalt es geworden war. Den Roland beutelte es, da er nicht so wie meine Frau und ich zulangen konnte. Das Thermometer zeigte –18 °. Als wir wieder heimzu rollten, entdeckte ich oberhalb der Stelle, wo ich vor zwei Tagen die zwei Stuck geschossen hatte, ein einzelnes Gams. Es stand ganz weit droben, mitten im steilen Lawinengraben, und äugte von einem kleinen zugeschneiten Köpferl aus ins Tal. Wir hielten an. Die Spektive zeigten eine uralte Gais, zaundürr und struppig.

„Gerd", fragte der Roland, „traust dir, da naufzuschießen?" Es war höllisch weit, aber, wenn sie es aushielt, konnte ich noch gut 50 m näher heran. Ich hatte die Hoffnung, dass sie nach dem Schuss ziemlich weit herunterkugeln würde. Der Schnee war tückisch locker, und einer Lawine würde ich da nicht entkommen können.

Ich suchte mir eine perfekte Auflage und schoss der unverwandt zu mir herunter Äugenden auf den Stich. Ohne Rührer versank sie im tiefen Schnee. Na bravo, da hatte ich's! Also nichts wie da hinauf!

Ich stieg seitlich im Schutz gewährenden Rosswald auf und dann hinein in die Gefahrenzone. Schnell zog ich sie, vorsichtig auf den Schnee lauschend, von den Stoßgebeten der drunten Gebliebenen begleitet, in die sichere Waldzone. Aufatmen!

Als wir glücklich drunten waren, untersuchten wir sie. Ihre Jahresringe zeigten neunzehn an der Zahl. Mein bislang ältestes Gams. Sie war nur noch „Haut und Boaner", klapperdürr. Wir schärften ihr nur das Haupt mit den verblichenen Zügeln ab. Den Körper zog ich eine ganze Strecke fort vom Weg. Adler brauchen auch Atzung, nicht nur bewundernde Blicke!

Am Abend fiel das Thermometer auf –21 °. Es wurde langsam ungemütlich in unserer schlecht isolierten Wohnung. Wenn uns jetzt auch noch das Wasser einfror, was schon einmal vorgekommen war, dann mussten wir wie die Polarforscher Schnee auftauen. Zum Glück gab's im Keller eine Sauna, da konnten wir Wärme tanken. Tagsüber waren wir beim Füttern, doch Ansitzen – dazu hatte ich keine Lust. Wir machten kurze Spaziergänge, lange waren nicht möglich, denn unserem Schnauzer froren die Haare zwischen den Ballen zu kleinen Eisklümpchen zusammen, dass er nicht mehr laufen konnte. Dann sah man mich mitsamt Hund am Boden liegen und mit meinem warmen Hauch seine Pfoten auftauen. Er war halt kein Polarhund. Dem Schweißhund machte der Frost gar nichts aus. Schlimm war es nur nachts, wenn man nach Bier- oder Weingenuss doch einmal hinunter musste. Da lag man lange wach und überlegte – muss ich wirklich, oder vergeht es wieder. Dann ging es halt doch auf den eisigen stillen Ort, von dem man rasch wieder zurück ins warme Nest huschte.

Nach einigen Tagen – da der Frost eher noch zunahm – waren wir bereit, heim zu fahren. Es blieb uns der schöne Trost: Es kommt ein neues Jahr mit seinen wechselvollen Jahreszeiten, bis es wieder „Später Herbst" wird.

Drückjagd und Drückjagd

Seit mehr als drei Jahrzehnten bin ich jedes Jahr zusammen mit meinem Jagdfreund Peter Gast einer Drückjagd im Pfälzer Wald.

Das ganze Jahr freuen wir uns auf den ersten Samstag im Dezember, auf das Wiedersehen mit langjährigen, mit uns alt gewordenen Jagdfreunden, das Wiedersehen mit dem Pfälzer Wald und auf die waidgerecht geführte Jagd.

Bevor ich Sie jedoch mitnehme auf dieses Waidwerken, das mir stets als der Normalfall erschien, möchte ich ein anderes Erlebnis schildern:

Der Tag ist noch jung. Im grauen Morgenlicht versammelt sich die Jagdgesellschaft im Hofe eines großen Gutes. Mein Jagdfreund, der Berufsjäger Hubert, und ich sind gebeten worden, mit unseren Schweißhunden am Ende der Jagd die Nachsuchen zu machen. Zuvor sollen wir als Schützen teilnehmen.

Nach und nach rollen Jäger und Hundeführer mit ihren Terriern und Wachteln heran. Manch bekanntes Gesicht von anderen Jagden ist darunter. Ein schneidender Ostwind fegt eisig durch den weiträumigen Hof, wirbelt Blätter und Staub auf und lässt uns die fünf Minusgrade noch kälter empfinden. Pünktlich um 8 Uhr scheinen alle Teilnehmer eingetroffen zu sein und man versammelt sich um einen Herrn, dessen Kleidung jegliches jägerische Attribut entbehrt. Man sagt mir, es sei der Forstdirektor und Jagdleiter. Nach einem knappen „Guten Morgen" erläutert er kurz den geplanten Verlauf der Jagd. Es wird nur ein Trieb gemacht. Frei sind Sauen und Rehwild. Um 12 Uhr ist Ende der Jagd, danach, so sagt er, will er keinen

Schuss mehr hören, es sei denn, es wäre ein Fangschuss. Nach den üblichen Ermahnungen zur Sicherheit wünscht er uns „einen schönen Tag!" Jagdhornklang ist nicht zu hören, ebensowenig wie: „Guten Anblick und Waidmannsheil!"

Gruppenweise verlassen die Schützen hinter ihren Einweisern den Hof.

Ich beziehe einen Drückjagdstand im Auwald. Der Hund bleibt inzwischen im Auto. Das Sitzbrett fehlt, also setze ich mich auf einen Seitenholm. Nicht sehr bequem, aber bis Mittag zu stehen, ist es noch weniger. Warm und winddicht bekleidet, habe ich Zeit, die Schüsse zu zählen. 74 werden es bis zum Ende der Jagd sein. Manche fallen verdächtig kurz hintereinander – Automaten sind am Werk. In der Ferne – erregender Laut –, man hört Terrier mit ihrem schrillen Gekeif. Ganz in der Nähe fallen Schüsse, ich habe keinen Anblick. Nach eineinhalb Stunden sehe ich ein Reh durch den dichten Unterwuchs von Goldrute und Liguster schlüpfen. Ab und zu taucht es aus dem Gestrüpp auf. Zu kurz, um es sicher ansprechen zu können. Ich hätte durchaus schießen können, doch dann liegt vielleicht eine „Beutelgeiß" im Gras. Zu fest sitzt die vor 50 Jahren eingebläute Ermahnung meines gestrengen Lehrprinzen: „Was du nicht kennst, schieße nicht tot!" Also Rehlein, spring zu – sollst leben!

Um 12 Uhr baume ich ab, gespannt, wie viele Nachsuchen es geben wird bei der Menge an Schüssen.

Erlegtes Wild wird zum Sammelplatz herbeigeschleppt und aufgebrochen. Standprotokolle werden verglichen. Man teilt mir einen Anschuss zu. Der Schütze wird mich einweisen und begleiten. Zuvor schlupfe ich in die orangefarbene Nachsuchenkluft. Ein Kollege sagte einmal, wir sehen aus wie die von der Müllabfuhr. Besser so, als für „Emil, den Sagenkeiler", gehalten zu werden.

Der Schütze weist mich ein. Er habe einen starken Überläufer auf 3 m schmaler Schneise hochflüchtig vor den Hunden, auf etwa 50 m Entfernung beschossen. Kaliber 308. Er hätte deutlich gezeichnet. Mann, hat der Augen!

Am Anschuss ist nichts zu sehen. Meine Hündin beobachtet mich gespannt, wie ich im Laub umhersuche. Nicht das kleinste Pirschzeichen. Bei Sauen nichts Ungewöhnliches. Nun, sicher findet meine Raika mehr. Gleich gebe ich ihr den ganzen Riemen, sie bögelt sich ein, und bedächtig geht's voran. Schon nach 10 m muss ich auf alle Viere herunter. Lianen von Waldrebe, dichter Weißdorn und federnder Liguster erlauben keinen aufrechten Gang. Der Schütze folgt, seine Büchse bat ich zurückzulassen. So ist mir die Bedrohung von hinten erspart, was von vorn kommen wird, ist ungewiß. Bald ist sein fescher Jagdhut vom Kopf gefetzt, er stopft ihn sich in die Tasche. Nach 50 m verweist die Hündin den ersten Schweiß. Er gibt wenig Aufschluss, es könnte, nachdem wir keinerlei Knochensplitter gefunden haben, Wildbretschweiß sein.

Immer wieder verschlingt sich der Schweißriemen heillos, wenn die Hündin bögelt. Oft muss ich ihn frei schneiden, denn selbst der Nylon-Riemen schlupft hier nicht in diesem dichten Gestrüpp. Jeden spärlichen Tropfen, alle 20 m mal einer oder zwei, verweist mir die Brave, also sind wir drauf. Hin und wieder kommen wir an eine Freifläche und ich kann mich kurz aufrichten. Tut das gut! Weiter geht's im Kriechgang. Ich bin zwar nicht der Profi-Nachsuchenführer, der jede Woche zwei bis dreimal im Einsatz ist, doch dieses Gelände wäre auch für diesen ein seltener „Leckerbissen". Bürstendichte Dickungen, Brombeerdornen und Latschenfelder sind mir vertraute Stätten, aber das hier ist wahrlich kein Vergnügungspark. Der Schütze sieht aus wie der heilige Stephanus nach der Marterung. Das Gesicht zerkratzt, der Weißdorn steckt auch in seinen Händen. Der Arme hat keine Handschuhe an. Des Jägers Buße.

Schon eineinhalb Stunden sind wir unterwegs und sind nur mühevoll etwa 900 m weit gekommen. Der Schweiß wird immer seltener, es sieht mir ganz nach einem Schuss tief am Vorschlag aus. Auf einmal kommt mir der Riemen aus und fährt davon. Die Raika ist in dessen voller Länge von 14 m voraus und nicht zu sehen. Eine Katastrophe, wenn mir die Hündin hier auskommt und sich irgendwo festhängt. Ich brülle sie an: „Halt, Raika, halt!" Gott sei Dank!, die Brave lässt sich stoppen. Mitleidig schaut sie mich an, weil ich als „Vierbein" nur so langsam folgen kann. Weiter geht's. Es ist solch dichtes Zeug, dass ich die Hündin nicht sehen kann. Wenn die Sau jetzt angreift, haben weder Hund noch Herr eine Chance auszuweichen. Bis ich mich wehren könnte, bin ich schon über den Haufen gerannt. Daher wohl der Name Überläufer. Was würde sein, wenn wir die Sau kriegen, wie sie hier herausbringen? Doch daran will ich jetzt nicht denken. Sie müsste am besten von einem Helikopter geholt werden. Hier rausschleifen? Wie denn? Etwa im Liegen? Nach weiteren 500 m gelangen wir an einen 5 m breiten Bach. Im Uferschilf nochmals ein roter Tropfen. Die Raika will unbedingt hinüberschwimmen, ich soll ihr nach! Am gegenüberliegenden Uferrand sehe ich, dass dort Wild ausgestiegen ist. Zufällig kommen gerade drüben, wo ein Weg führt, ein paar Waldarbeiter vorbei. Sie haben erlegtes Wild geholt. Sie erzählen uns, dass gleich hinter einer Buschreihe ein Drückjagdstand ist. Der Schütze dort hat einen Überläufer geschossen, der vom Bach herkam. Ob der schon einen Schuss hatte? Niemand weiß es. Wie kommen wir ans andere Ufer? 20 m bachaufwärts sei eine Brücke. Hurra! Ich trage meine brave Hündin ab und dann kämpfen wir uns zum Übergang durch. Das dauert fast eine Viertelstunde, so dicht sind hier die Dornen. Auf der Brücke hocken wir uns erst einmal nieder und verschnaufen. Der Schütze raucht eine Zigarette und pult sich die Dornen aus den Händen. Ich öffne dampfend die Perlonmontur. Beim Ausstieg am Bach setze ich die Hündin wieder an. Tatsächlich führt sie mich zu einer Schweißlache, wo der dortige Schütze die Sau zur Strecke gebracht hat. Wie so oft, gibt's hier kein Erfolgserlebnis für die unermüdliche Raika.

Am Sammelplatz angelangt, finde ich nur noch drei Waldarbeiter am Lagerfeuer vor. Die Jagdgesellschaft hat sich bereits zum Teil heimwärts verkrümelt, ein paar der Jäger, heißt es, wollten in irgendein Wirtshaus gehen. Strecke wurde nicht gelegt, verblasen auch nicht. Der Schütze drückt mir 5 Euro in die Hand, ich soll meinem Hund „was Schönes" kaufen. Der Herr Jagdleiter ist längst nicht mehr da. Bei Cramer-Klett hieß diese ehrbare Kaste „Grün-Ober". Der Herr in Blau-Grau müsste dann „Blau-Ober" heißen. Doch die Farbe ist nicht entscheidend, die Gesinnung ist's.

Gagern fällt mir ein: „Nicht was du erjagst, sondern wie du's erjagst, das macht dich zum Waidmann."

Es gibt für mich noch ein von den Waldarbeitern spendiertes Bier – am Feuer gewärmt. Das tut gut. Dann fahre ich heim. Wie hieß doch der Gruß am Morgen? „Einen schönen Tag noch!"

Tage später höre ich, dass noch weitere sieben Nachsuchen angefallen waren.

Nun aber zurück in den Pfälzer Wald.

Der Treffpunkt – seit Jahren ist es der gleiche – wimmelt schon von Grünberockten, als wir kurz nach 8 Uhr dort eintreffen. Großes Hallo, freudige Begrüßung alter Freunde. Alle sind wir ein Jahr älter geworden. Bei manchen hat es einen „Altersschub" getan, andere sind unverändert. Wer weiß, wie man uns sieht!? Unsere langjährigen Freunde, die Forstdirektoren der angrenzenden Staatsjagden, sind vollzählig da. In den Vorjahren, wenn der Termin passte, waren wir auch bei ihren Jagden zu Gast. Das wurde immer eine tolle Jagdwoche.

Pünktlich um 8.30 Uhr lässt der Jagdherr „zur Begrüßung" blasen. Ein herzliches Willkommen an die Forstleute der Nachbarreviere, an die Gäste, die von nah und fern angereist sind. Wir hören, dass wir heute auf „Dreier" Hirsche jagen, Kahlwild, Keiler, einzelne Überläufer und Frischlinge, sowie weibliches Rehwild und Kitze. Beim Kahlwild werden wir ermahnt, keinesfalls das Leitstuck zu erlegen, immer zuerst das Kalb und dann erst das Altstuck. Nach der Gruppeneinteilung der Schützen wünscht der Jagdherr Waidmannsheil und guten Anblick. Die Hörner verkünden „Aufbruch zur Jagd". Alle Gruppen rollen ins Revier, geleitet von den ortskundigen Ansteller-Schützen.

Seit Jahren bleiben die Jäger bei ihren Stamm-Gruppen und bekommen meist immer ihre Stände vom Vorjahr. Mir erscheint das sehr sinnvoll, denn man lernt mit der Zeit die Wechsel kennen und weiß, wohin die Aufmerksamkeit zu richten ist. Stöberhunde werden auf dieser Jagd nicht eingesetzt. Der Jagdherr will so vermeiden, dass Familienverbände durch die Hundemeuten gesprengt werden, Kälber führende Alttiere dadurch zeitweilig allein flüchten und versehentlich erlegt werden. Das Wild kommt auf diese Weise den Schützen wesentlich langsamer und es wird ganz selten etwas krank geschossen.

Im ersten Trieb habe ich meinen bewährten Stand an einem Forstweg. Linker Hand geht's ins Tal. Am oberen Rand steht lückiger Buchenhochwald, der weiter unten in einer Dickung endet. Rechts von meinem Stand strebt ein Dom von weiträumig stehenden Buchen zum Höhenrücken in 200 m Entfernung steil hinauf. Dazwischen ragen einzelne Buntsandsteinfelsen aus dem herbstlichen Laubteppich. Mittendrin ist der Nachbarschütze postiert, wir winken uns zu.

Die Schützen meiner Gruppe ziehen mit stummem Gruß zu ihren Ständen weiter oben am Berg an mir vorbei. Den Sitzstock aufgestellt, die Kipplaufbüchse geladen, dann mache ich es mir bequem. Am Vorderschaft habe ich ein Blitz-Etui mit drei Patronen drin, zudem hat die Scheiring-Büchse einen Ejektor.

Ringsum ertönt nach einiger Zeit das Signal „Beginn des Treibens". Das Echo zieht durch die Waldtäler, fast meint man, die Berge würden erklingen. Vor mir liegt eine Douglasiendickung, dort höre ich die Treiber mit ihrem „hopp, hopp, hopp!" durchziehen. Bald sind sie über dem Bergrücken und Stille umfängt mich. Plötzlich höre ich unterhalb in der Dickung Brechen und Tappen. Das sind keine Treiber!

Und da wuselt es schon aus der Tiefe herauf. Voran eine starke Bache und hinterdrein ein, zwei, drei, ... sieben braune Frischlinge. Schräg zu meinem Weg empor gewinnen sie an Höhe. Kurz vor der Fahrt ist einer von den Fröschen frei und die Kugel bannt ihn auf den Fleck. Die Büchse aufgekippt, der Ejektor lässt die abgeschossene Hülse herausfliegen, und schon verschwindet eine neue Patrone im Lauf. Zugeklappt – und der nächste Frischling bleibt im Schuss auf dem Weg. Die kleine Rotte strebt nun bergauf, und Sekunden später kugelt der dritte Wutz den Hang herab. Rasch die nächste Patrone in den Lauf, mitgefahren – klick! Verdammt, jetzt auch noch ein Versager! Inzwischen haben die Schwarzen rechts von mir die Höhe erklommen und sind eigentlich schon zu weit weg für einen sicheren Schuss. In meiner Wut über den Versager schieße ich dennoch auf den letzten der Wutze. Er rollt den Hang hinab, kommt wieder auf die Läufe und verschwindet bergab in der Überriegelung. Das alles hatte sich innerhalb weniger Sekunden abgespielt. Jetzt verfluche ich mich ob meiner Unbeherrschtheit. So weit schießt man nicht auf flüchtiges Wild! Die Reue kommt zu spät.

Der Schütze ober mir winkt mir „Waidmannsheil" zu. Langsam kommt mein Puls zur Ruhe. Das war ein heißer Anfang. Nach einer Viertelstunde flüchtet ein Stuck – hinterdrein das Kalb – zwischen meinem Nachbarn und mir quer über den Hang. Es ist näher bei mir, und als es aus der Gefahrenlinie ist, fasst es meine Kugel und es geht überkopf wie ein Hase. Kurz darauf kommt dem Freund droben ein Überläufer, den er sauber erlegt. Im Verenden rollt er bis zu meinem Weg herab. Von fern höre ich einige Schüsse, deren Echo durch die Täler rollt. Nach einer Stunde wird abgeblasen. Die Schützen meiner Partie kommen an meinem Stand vorbei und freuen sich mit mir. Solch einen Anlauf hat es hier noch nicht gegeben. Bei ihnen ist Freund Klaus, seinerzeit noch Forstdirektor im legendären Forstamt Merzalben. Am Riemen führt er den Jakob, seinen bewährten Wachtelrüden. Wir steigen zum Anschuss hinauf.

Bergab geht die Schweißfährte – und da sehen wir den Wutz auch schon liegen. Schnell beende ich sein Leiden. Der erste Schuss hatte ihn hoch durch die Nieren getroffen. Klaus wundert sich über den weiten Schuss – sieht mein betroffenes Gesicht und erspart sich jeden Vorwurf. Mir reicht mein eigener.

Als Nächstes ist der sogenannte „Steinerberg" dran. Dort haben der Peter und ich seit Jahren einen „Kaiserstand" mitten im großen Treiben. Von unten nach oben riegeln wir beide den steilen Hang im alten Buchenbestand ab. Hier kam jeder von uns in den Vorjahren schon oft zu Schuss. An einen dicken Stamm einer hundertjährigen Buche gedrückt, hocke ich mich nieder. Von fern das Horn und dann verwehte Treiberrufe. Da raschelt es auch schon heran. Eine starke Rotte von Überläufern. Keine Frischlinge sind dabei, also keine Gefahr, eine führende Bache zu erlegen. Bevor sie unsere Linie passieren, werde ich auf einen fertig und er rollt hinab bis knapp vor die Füße des Freundes. Der hat das gar nicht mitbekommen, denn nun schießt er aus den zwischen uns Durchgebrochenen eine saubere Doublette heraus. Ich sag's ja, der Steinerberg! Wir winken uns freudig zu.

Da kommt auf dem Rückwechsel – die Treiber sind zwischenzeitlich lange an uns vorbei – ein Trupp Rotwild den Hang hinter mir herauf. Voran das Leitstuck, dann Kalb, Schmalspießer, guter Hirsch und ein wenig hintennach noch ein Kalb. Sie verhoffen kurz, und ich werde meine Kugel auf das Kalb los. Es stürmt bergab, Richtung Peter, und bricht kurz vor seinem Stand verendet zusammen. Na, da werde ich mir einiges anhören müssen. Frotzelei unter Freunden muss gepflegt werden!

Auf diesen Trieb folgt die Mittagspause. Zuvor bricht jeder Schütze das von ihm erlegte Wild auf. Proben auf Krankheiten werden entnommen, und das Gescheide kommt in eine spezielle Tonne. Inzwischen haben die Frau des Jagdherren und die Treiberfrauen ein üppiges Mittagsbüffet aufgebaut. Die berühmten Pfälzer Wurstspezialitäten gibt's, und Jörg, der Gast aus dem Schwarzwald, hat aus eigener Metzgerei einheimi-

sche Leckerbissen mitgebracht. Tee, Glühwein und selber ge-
backene Kuchen runden das Mahl ab. Es ist wie in einer großen Familie. Es wird ausgiebig und ohne Hetzerei gebrotzeitet,
denn es kommt nur noch ein letztes Treiben dran, damit wir
nicht in die Dunkelheit geraten.

Hier bekomme ich wieder meinen alten, bewährten Stand in
einem steinigen Graben, den ein müdes Rinnsal durchgluckert.
Links und rechts strebt lückiges Altholz zum Höhenkamm. In
der Mitte des Hanges geht ein guter Wechsel, den ich aber nicht
beschießen kann, da sind zu viele Zweige und Äste davor.
Jedesmal zieht da das Wild, Rotwild wie Sauen, in langer Reihe durch. Ein prächtiger Anblick, doch für mich sind sie un-
erreichbar. Nachbarschützen kann ich von hier aus nicht sehen
und so auch niemand gefährden. Schon nach knapp einer halben Stunde kommen von rechts die Sauen, zu weit für mich,
und nehmen den oberen Wechsel an. Eine große Rotte, alle
Sorten dabei, zum Schluss ein starker Keiler. Ich bin gespannt,
ob er den Schützen jenseits des Bergkamms anlaufen wird.
Da will sich ein Reh weiter unten davonstehlen. Ein Schmalreh. Als es verhoffend zurückäugt, bricht mein Schuss und es
rollt den Hang herab. Welch ein Tag! Welch ein Anlauf! Sieben
Stück, das war noch nie da. Wie oft waren der Peter und ich
schon hier, wie oft sind wir mit blanken Läufen heimgefahren.
Das hat aber keineswegs unsere Stimmung getrübt. So ist halt
die Jagd. Zehnmal machst du keine Beute, doch irgendwann
mag's. Heut' mochte es, und wie!

Es ist noch gutes Licht, als die Jagdhörner „Hahn in Ruh"
verkünden.

Gerecht gestreckt, wird das Wild auf Fichtenzweige gelegt.
Lodernde Feuer umrahmen die Strecke: 1 Sechser, 7 Stück
Kahlwild, 14 Sauen, darunter ein Keiler, 3 Rehe und zwei Füchse. Alle ausnahmslos mit sauberen Schüssen erlegt. Für den
nächsten Tag steht nur eine Kontrollsuche an.

Schnell bricht nun die Dunkelheit herein. Helmut, der Jagdherr, ruft der Reihe nach die jeweiligen Erleger zu sich, um ih-

nen den Bruch zu überreichen. Damit ich keinen Wald auf meinen Hut bekomme, erhalte ich einen für alle sieben Stück.

Dann erklingen die schönen Totsignale, und mit entblößtem Kopf hören wir „Jagd vorbei" und „Halali".

Am Abend trifft sich die ganze Gesellschaft im Dorfwirtshaus beim Schüsseltrieb. Fröhliche Reden fliegen hin und her, und heute darf ich die Dankesrede halten. Dafür habe ich weiß Gott allen Grund.

Zwischen diesen beiden Drückjagden liegen, wie man glauben könnte, keine Jahrzehnte. Sie hätten durchaus im gleichen Jahr stattfinden können. Es war bei dieser letzteren kein „Lied aus alten Zeiten", denn es gibt sie zum Glück, die Waidmänner, die das Handwerk der gerechten Jagd ausüben.

Allgäuer Rhapsodie

Es ist wohl einer der ältesten Jägerbräuche, dass man nach der Jagd noch zusammensitzt, sich stärkt mit Speis und Trank, die Erlebnisse des Tages austauscht und Jagdgeschichten erzählt. Je später der Abend, je beflügelnder die Labung durch „Geistiges", desto schwieriger werden die Schüsse, und die Berge werden höher und steiler. Der Allgäuer ist von Haus aus entweder ein stiller, oft recht nüchterner Typ oder aber er ist ein Rhapsode, der sogar mit einem Homer konkurrieren könnte.

So war es an einem der langen Novemberabende, als die Gamsjäger am schwerklobigen Ahorntisch unter den von Geweihen, Krucken und Kronen starrenden Wänden beisammen saßen. Die Hunde träumten müd' und satt ausgestreckt auf den Fleckerlteppichen am Dielenboden, die nassen, eisenbewehrten Bergschuhe hingen an den Holzstangen überm knackenden Herdfeuer. Ludwig, der Jagd- und Hausherr war voll in Fahrt. Sein Freund Martin hatte am Nachmittag unter seiner Führung einen guten Gamsbock erlegt. Wie das zugegangen war, hatten wir längst in aller Ausführlichkeit von beiden Jägern hören können. Der stolze Erleger konnte seine neue Büchse gar nicht genug loben. Mit ihrem rasanten Kaliber war er in der Lage, weiteste Schüsse zu wagen, an die man vordem nicht denken konnte. Dazu hatte er sich ein Zielfernrohr geleistet, das einen eingebauten Entfernungsmesser hat, und mit ein paar Klicks kann man nun, ohne wie bisher zu rechnen und nachzudenken, verschiedene Hundertmeterdistanzen bedenkenlos überschießen. Wie einfach ist doch jetzt das Jagen geworden.

Über dieses Thema gingen nun die Geschichten zurück in vergangene Zeiten und ans „Weißt du noch?"

Da meldete sich der alte, wind- und wettergegerbte Sebes, wie im Allgäu der Sebastian heißt, zu Wort. Er ging schon lange nicht mehr auf die Jagd, die Füß' hatten schon längst „ausgelassen". Aber stets war er dabei, wenn ein Hirsch verblasen wurde oder ein guter Gems gefallen war. Da tappte er mit seinem Hakelstecken von seinem Austragshäusl herbei und seine alten Augen leuchteten beim Anblick des erlegten Wildes. Dann war er wieder jung, und alles Vergangene war erneut gegenwärtig.

Sebes war seinerzeit, lang vor dem letzten Krieg, als sich die folgende Geschichte ereignete, nach einer finsteren Wildererkarriere endlich legaler Jäger und Jagdpächter geworden. Ein Zielfernrohr, das konnte er sich damals nicht leisten; zudem galt solch eine „Zielkrücke" als etwas für sehschwache Stadtjäger. In seiner Laufbahn als gelegentlicher Bergführer kannte er sich bestens aus, wo Wild steht, und sein Spruch könnte geheißen haben: „Ich kann allem widerstehen, außer der Versuchung." Sein damaliges Revier war eines der schwerstbegehbaren und schroffsten in den Allgäuer Hochalpen – für einen wie den Sebes grad das Rechte.

So sollte eines Tages sein Spezi Georg unter seiner Führung einen „Gems" schießen.

Lassen wir den Sebes doch selbst erzählen:

„Ihr habt ja heutzutag' keine Ahnung, was es damals hieß, nur allein von Oberstdorf ins Tal der Spielmannsau „hindre" zu gelangen. Jetzt hockst du dich ins Auto und bist in einer halben Stunde gemütlich am Talschluss, wo der Anstieg beginnt. Auto habe ich keins gehabt, da bin ich, wenn der Schnee nicht allzu hoch lag, mit dem Rad gefahren.

Zur Gemsbrunft wollt' ich einmal meinen Freund Ignaz, den „Nazl", einen g'hörigen Bock schießen lassen. Schon am Tag zuvor sag' ich zu ihm: „Nimm nur du genug ‚Bolla' (Munition) mit!" Unser Aufstieg ging steil hinauf Richtung Kemptner Hütte. Wir kamen an einigen Rudeln Gems vorbei, aber es war kein g'scheiter Bock dabei. Wie wir dann droben unter den Wänden vom Kratzer stehen, so gegen 11 Uhr am Vormittag, da haben wir einen gesehen, der hat uns recht gut gefallen und alt genug war er uns auch. Ich hab' ihm den Bock gezeigt und dann gesagt, den kannst du schießen. Er hat den Rucksack vor sich aufgebaut und schon hat's gekracht. Nix war's, der Schuss war zu kurz. Es war halt recht weit, über einen Graben hinweg, und so hab' ich ihm gesagt, er muss ein Stückle über den Wildkörper gehen. Jetzt schoss er ein zweites Mal. Wieder staubte es vor dem Gems. „Ja, Herrgott!" sag ich zu ihm, du musst noch höher über den Bock zielen. Er schoss nun zum dritten Mal. Der Bock zeichnete mit krummem Buckel und tat sich auf einem Schneefeld nieder. Jetzt machten wir eine große Narretei. Wir hätten leicht warten können und auch müssen. Den Schweiß sah man auf dem Schnee, wie er in großen, roten Flecken ausgeronnen ist. Aber wir zwei Helden haben nicht warten wollen. Ich nahm dem Nazl die Büchs' ab, um dem Gems den Fangschuss zu geben. Und weil ich es besser machen wollte, ging ich noch höher ins Ziel und überschoss den Kranken. Das war Schuss Nr. 4.

Jetzt hat der Nazl furchtbar geflucht und gesagt: „Das kann ich viel besser! Gib her die Büchs'!" Er legte sich nieder, baute eine neue Auflage mit seinem Rucksack und ließ es krachen. Ja, Pfeifendeckel! Der Schuss saß kurz, der Schnee spritzte unter dem Gems auf und der wurde jetzt hoch. Mühsam begann er in eine steile Wand einzusteigen. Jetzt packte den Nazl die Wut. „So schlecht wie du kann ich gar nicht schießen. Lass mich um Gott's Willen den Fangschuss geben!" Jetzt kam der Schuss Nr. 6. Der ging bolzgrad hinter den Gems. Der arme Teufel steigt weiter und weiter auf einem schmalen Felsband, schweißt und schweißt. Jetzt hat's mich doch recht gegraust und es wurde höchste Zeit, den Gems zu erlösen. Wenn er noch weiter steigt, dann kommt er über die Jagdgrenze hinüber ins Lechtal. Dann ist Dreck Trumpf.

Also ich reiß' dem Nazl die Büchs' aus der Hand, bau' mich sauber ein, denn jetzt gilt's. Aber der Teufel hat seine rußigen Finger vors Rohr gehalten und auch dieser Schuss ging daneben. Die Aufregung war einfach zu groß. Der Bock, es war ein sakrisch guter, stand immer noch unbewegt auf dem Felsband. Er konnte nicht mehr weiter, denn vor ihm begann die glatte Steilwand.

Jetzt war's mit meiner Ruh' endgültig vorbei. Hut, Ferngucker und Joppe runtergerissen und schon bin ich hinüber und stieg in die Wand ein. Ich wollte über ihn kommen und ihm von oben ein Trumm Felsbrocken ins Kreuz schmeißen. Wie ich den ersten Stein hinunter warf, merkte ich, so kann's nicht gehen, denn der Gems war durch die überhängende Wand überriegelt. Ich musste wieder hinunter und auch auf das Felsband, hin zum Bock. Der konnte ja nicht mehr vorwärts, und „ruckaus" ging's auch nicht, denn da war ja ich. Meine Schuh' hab' ich ausgezogen, dass ich besser klettern konnte. Mit meinen genagelten Griffschuhen hätt' ich keinen Halt auf dem glatten Fels gefunden. Das Messer hab' ich aus der Scheide gerissen und zwischen die Zähne geklemmt. Ich kam mir vor wie ein Urmensch. So hab' ich mich auf dem schmalen Band vorwärts gehangelt bis hin zum Wildkörper. Mit der linken Hand hielt ich mich an einem Felsgrat fest und mit der rechten zog ich einen gewaltigen Schnitt über seine Drossel. Darauf goss sich ein Schweißstrom über die Wand. Das war kein Abnicken mehr, das war ein „Metzgen" in höchster Not. Kaum dass ich selber dort stehen konnte und unter mir ging's senkrecht in die Tiefe, gut 60 m hinunter. Dem Gems knicken die Läuf' ein, ihn haut's aus der Wand, er schlägt mehrmals dumpf auf und verschwindet im Abgrund.

Gott sei Dank, wir hatten den Bock. Zumindest beinahe. Weit mussten wir hinunter steigen, bis wir ihn aufklauben konnten. Den Krucken war zum Glück nichts passiert. Das Wildbret war nimmer ganz gut, aber immer noch besser wie nix, denn Fleisch hat's damals nicht viel 'geben."

Der Sebes nahm einen tiefen Zug aus dem Rotweinglas, wischte sich über seinen graubuschigen Schnauzbart und lehnte sich wie erschöpft nach seiner wilden Geschichte zurück, so, als sei er nochmals durch die Steilwand gestiegen.

„Jetzt", sagte er, „werdet ihr mich alle fragen, warum diese gefährliche Kraxlerei und das nicht so ganz waidmännische Abstechen, anstatt nochmals zu schießen? Das kann ich euch ganz einfach beantworten, der Nazl hatte nur sieben „Bolla" dabei."

So abenteuerlich diese Geschichte auch klingen mag, der Sebes war bekannt als „Wilder Jäger" und für so manch tollkühne Stücke. Man hat ihm, dem Original und echten Allgäuer „Urgestein" oft prophezeit, dass er nach seinem Tode sauber ausgestopft ins Oberstdorfer Heimatmuseum kommt.

Diese Rhapsodie hat meine Frau noch in der gleichen Nacht aufgeschrieben, genau so wie sie der Sebes erzählt hat. Es war schon weit über Mitternacht, und die etlichen Schoppen Rotwein des langen Abends beflügelten ihre Feder, während ich längst im tiefen Schlummer lag.

Blaue Schatten

Schon in meinem Niederwildrevier bin ich immer am Nachmittag des Heiligabends hinaus ins Revier gefahren, um dem Wild noch ein paar besondere Gaben zu bringen. Die Fütterungen waren zwar längst beschickt, aber ich wollte bei diesem Gang auch einen dankbaren Rückblick auf das jägerische Erntejahr halten.

So pflege ich den Brauch auch weiterhin in meinem Hochgebirgsrevier. Die drei großen Fütterungen versorgt normalerweise unser Berufsjäger und es wäre lächerlich, wenn ich nachträglich noch mit einem Büschel besonderen Heus erscheinen würde. Statt dessen habe ich an diesem Tag die weit hinten im Tal gelegene Fütterung alleine übernommen. Die Handgriffe sind mir vertraut, denn oft war ich dem Betreuer seines Wildes dabei zur Hand gegangen.

Heuer schauen Tal und Berge schon seit Wochen recht winterlich drein, denn es hat immer wieder geschneit. Die weiße Pracht liegt nicht allzu hoch, sodass ich mit dem Geländewagen noch weit ins Tal hineinfahren kann.

Meine Frau bleibt im Jagdhaus, denn unsere erwachsenen Kinder wollen im Laufe des Nachmittags eintreffen. Dann, nach der gemütlichen Teestunde, werde ich wieder zurück sein und danach wird traditionell gemeinsam der Baum geschmückt. Obwohl die Jagd an diesem Tag zu ruhen hat, nehme ich dennoch die Büchse mit, denn Jagd und Jagdschutz sind zwei Paar Stiefel.

Silva, meine Schweißhündin, steht schon rutenwedelnd vor unserem Pick-up; sie findet, ohne sie geht gar nichts. Gleich hupft sie auf den Beifahrersitz und schaut fachkundig auf die Wegstrecke. Dort darf sie während der Revierfahrten hocken, da geht's eh langsam und alle Wege und Straßen sind nur für Berechtigte. Stocksauer wird sie, wenn jemand anderer außer dem Fraule hier zu sitzen wagt – sie meint, der Platz sei nur für Familienangehörige!

Unsere Fahrt geht allmählich bergauf, und der Schnee wächst, je weiter wir an Höhe gewinnen. Im Tal ist es still geworden, die wenigen Wanderer sind bereits am Mittag heimwärts gezogen; die Berghütten liegen längst verwaist in ihrer weißen Einsamkeit. Wenige Fährten kreuzen wir, das Wild bewegt sich nicht unnötig und steht in der Nähe der Fütterungen. Nur eine Gamsfährte, sonderbar, so weit hier herunten. Nach einer halbstündigen Fahrt liegt „meine" Fütterung vor mir. Der Hund darf auch mit aussteigen, er ist den Platz gewohnt und bleibt brav da, ohne ein „Privatjagdl" zu wagen. Weiter oben im Berg sehe ich das Rotwild stehen; sobald wir fertig und wieder fort sind, wird es gleich herunter ziehen. Laut rede ich mit dem Hund, das beruhigt das Wild, es weiß: Der da drunten ist harmlos.

Nach einer Stunde bin ich fertig, die Raufen sind mit duftendem Grummet gefüllt, Kastanien, Eicheln und Pellets in die Tröge geschüttet und zum Schluss werfe ich eine Menge Zuckerrüben reihum in den Schnee. Morgen wird nichts mehr davon übrig sein. Hier im abgelegenen Bergwald ist das Wild auf den Jäger angewiesen. Was soll es im Tal? Und wohin auch? Ich werfe noch einen dankbaren Blick auf Wald und Berge, wo ich soviel Schönes erleben konnte, schaue noch einmal hinauf zu dem Platz, an dem ein Freund unter meiner Führung einen alten Achter erlegen konnte, und fühle mich reich beschenkt, hier sein zu dürfen.

Herr und Hund besteigen wieder ihr Fahrzeug, zufrieden rollen wir talaus. Nach kurzer Fahrt muss ich plötzlich anhalten. Ein Gams steht nahe der Fahrstraße, knapp am Abgrund zum Tobel, wo weit unten der Bergbach zu Tal tost. Ganz offenbar eine Gais, das sehe ich auch ohne Glas. Warum rührt die sich nicht? Was ist mit der los? Jetzt nehme ich doch das Glas zur Hand. Da sehe ich es: Die Gais ist blind. Die Lichter sind verklebt und erloschen. Überdies ist sie total abgekommen, ganz spitz sticht das Rückgrat aus der schlecht verhärten Decke. Da gibt's kein langes Überlegen. Wie gut, dass ich die Büchse dabei habe. Wenn ich sie jetzt erlöse, muss sie unbedingt am Fleck liegen bleiben, sonst rutscht sie über die Wegkante und verschwindet in der Tiefe. Unbeweglich, wie angewachsen, steht die Blinde. Wenn sie doch nur einen Schritt zurück täte! Sicher ahnt sie den Abgrund vor sich und traut sich weder vor noch zurück. Ich muss dem Drama ein Ende machen! Den Schuss, bewusst voll auf die Blattschaufel, hat sie nicht mehr vernommen. Erloschen und erlöst liegt sie nahe der Abbruchkante. Da, ein letztes Schlegeln, und sie fährt ab in die Tiefe. Als ich vom Anschuss hinunter schaue, sehe ich sie auf halber Strecke am Stamm von einem Bergahorn hängen. Na bravo, da muss ich halt hinunter!

Bis ich sie zum Weg heraufgezogen habe, ist fast eine Stunde vergangen. Eine schwierige Bergung bei dem Schnee und dem steilen Gelände, da musste ich auch noch einen Umweg machen, um an sie heranzukommen.

Den Grind schärfe ich ab, den Körper, der nur noch aus „Haut und Boaner" besteht, schleife ich ein Stück bergauf. Adler, Füchse und Raben werden den Kreislauf beschließen.

Inzwischen ist es dämmrig und klirrend kalt geworden. Der kurze Tag geht zur Neige. Die blauen Schatten des Winterabends liegen über dem Schnee. Sehr nachdenklich fahre ich heimzu.

Sehen können! Welch ein Geschenk! Man nimmt es als selbstverständliche Gabe und denkt nicht darüber nach, wie es wäre, gefangen in ewiger, schwarzer Nacht zu sein. Dankbar schaue ich hinauf zu den Gipfeln, freue mich am rötlichen Abendschein droben auf den Schneefeldern, den schroffen Gipfeln, den verschneiten Bäumen, freue mich, dass ich die Schönheit der Natur mit meinen Augen sehen kann.

Und noch etwas freut mich, bei aller Dramatik der leidenden Kreatur: Dass ich Jäger bin, dass ich ein Mitgeschöpf von seinem Elend erlösen konnte.

Im Jagdhaus wurde ich schon mit Sorge ob meiner Verspätung erwartet. Nachdenklich lauscht die Familie meinem Bericht.

Später dann, beim Schein der Kerzen am festlich geschmückten Christbaum, denke ich voller Dankbarkeit immer wieder: Welch wunderbares Geschenk, dass ich das alles erschauen kann.

Die Beute

Lassen Sie uns in meinem alten Rucksack graben. Dort liegt die edle Beute verborgen, die vielen Erinnerungen, die wir jederzeit miteinander herausholen können. Wir sind an keine Schonzeit gebunden, an kein Wetter, an keine Entfernung, nicht einmal an ein Jahr.

Sie wollen mich begleiten auf den roten Bock, den ich dort draußen in der Feldflur ausgemacht habe? Gut. Lassen Sie uns ihn heute noch einmal erlegen.

Mit den Fahrrädern sind wir in zwanzig Minuten an dem alten Stadel. Umrahmt von Kornfeldern und kleinen Kartoffeläckern, liegt er weit abseits vom Dorf, das hoch von einem Hügel herunterschaut. Nur eine kleine Birke steht neben der windschiefen Hütte mit ihrem flachen Dach. Irgendein Bauerngerät wird wohl da drinnen sein. Der Birko, unser Kurzhaarrüde, ist flott mitgetrabt und hat sich, noch kurz bevor wir am Ziel waren, in den kleinen, flachen Bach geworfen und sich erfrischt. Die Räder lehnen wir an die hintere Hüttenwand und nehmen sie als Aufstieghilfe auf die sonnenwarmen Dachschindeln. Der Hund, abgelegt im Schatten der Augusthitze, streckt sich wohlig aus. Sie legen sich droben neben mich, den vor Jagdlust vibrierenden Siebzehnjährigen, denn im Liegen bieten wir keine verräterische Silhouette. Vor zwei Tagen sah ich im Vorbeiradeln einen Rehbock hier aus dem reifen Korn äugen. Außer unserem erhöhten Auslug gibt's keine andere Möglichkeit, um die weite Umgebung zu beobachten. Fern im Westen baut sich quellend der vorgewittrige Wolkenbaum auf. Die Bremsen sind wie toll nach unserem süßen Blut. Unsere

Gläser suchen das Rund der Felder ab. Nur ein Flug Ringeltauben ist in der Nachmittagshitze unterwegs.

Auf einem staubigen Feldweg sehen wir ein strohbeladenes Fuhrwerk schwankend dorfwärts tuckern. Dort in dieser Ecke des Reviers ist die Ernte voll im Gang. Den Bauern kenne ich gut, es ist Ludwig, der Jagdvorsteher. Bei ihm habe ich einen „Stein im Brett". Nicht nur, weil mein Bruder und ich mit unseren Jagdhörnern blasend dem Fronleichnamszug vorangeschritten waren, sondern auch ob meiner rätselhaften Trinkfestigkeit. Sie fragen mich verwundert, wie denn das kommt. Nun, wir haben noch Zeit, bevor ich zu blatten beginne. Ich will's Ihnen erzählen: Unser großzügiger Jagdherr, der uns Brüdern freie Büchse auf Rehwild gewährt, hatte mich zum Rehessen ins Dorfwirtshaus abgeordnet, da er selbst verhindert war. Weil ich weiß, dass das bei den Bauern in eine schwere Zecherei ausartet, habe ich mich gedopt. Wie ich das gemacht habe, wollen Sie wissen? Ich habe vom Lebertran, der für die Aufzucht unserer Kurzhaar-Welpen gedacht war, eine randvolle Tasse getrunken. Nase zugehalten und hinuntergekippt, in einem Zug. Und dann kam's ja auch, wie befürchtet. Die Bauern forderten mich auf: „Gerd, geh' weida, sauf her auf mi!" Mit meinem ausgepichten Magen habe ich so manchen unter den Tisch getrunken. Bis dann der alte Ludwig mit hochgezogenen, graugebuschten Augenbrauen dem üblen Treiben ein Ende machte.

„Bua," sagte er mahnend, „mit de Knedl bist guad bei de Mädl, mit da Briah gor nia!" Mit der „Briah" meinte er das Bier. Womit er unbedingt recht hatte.

So, nun habe ich Ihnen das gebeichtet, jetzt will ich einmal probieren, wie's heute mit dem Blatten geht.

Hinter dem Hutband habe ich vorsorglich einen kleinen Buchenzweig stecken.

Ein Blatt pflücke ich mir herunter und probiere zaghaft einen Fiepton. Au weh! Nein, der war nichts! Noch mehr das Blatt gespannt und laut gellt der Sprengfiep in die Feldflur. Und wirklich, da erhebt sich keine hundert Meter aus dem blonden Weizen ein Bockhaupt. Schwarz und verdreht stockt sein Gwichtl zwischen den Lauschern. Mein Atem geht schneller, das Herz bumpert wie rasend bis zum Hals, der Mund wird mir trocken. Jetzt noch einmal ein paar lockende Töne. Da kommt er schon heran; in weiten Bogensprüngen setzt er über das hohe Getreide. Welch ein Anblick! Der brandrote Bock im reifen Korn. Die Büchsflinte, die zwischen uns liegt, wandert an die Schulter, leise ziehe ich den Hahn auf. Stecherknips! Jetzt verhofft er spitz zu uns her auf einer niedergedrückten Kornfläche. Dreh dich doch! Und als der Bock sich wie enttäuscht abwendet, peitscht der Schuss grell hinaus, es hebt ihn vorn hoch und er springt ab, immer niedriger werdend, und plötzlich hat ihn das Kornfeld verschlungen. Sie fragen: „Hast du ihn?" Ich kann nur nicken, so trocken ist mein Mund, die Kehle wie zugeschnürt. Nach kurzer Zeit steigen wir von unserem Dach. Der Hund bei Fuß, die Waffe im Anschlag, so gehen wir durch den Weizen. Da liegt er. Die Halme um ihn herum sind rot von seinem Schweiß, seine Lichter bereits opalen umflort. Zur Hütte trage ich ihn, nachdem ich mich nicht satt sehen konnte an dem verdrehten, pechschwarzen Gwichtl. Hier wächst außer der Birke kein anderer Baum für die Brüche. So schwinge ich mich aufs Radl, bitte Sie, bei Hund und Bock zu bleiben, und hole vom Bach, wo die Erlen stehen, die Brüche für den letzten Bissen und meinen Hut.

* * *

Eineinhalb Jahrzehnte sind übers Land gegangen. In der Zwischenzeit bin ich selber Jagdherr eines großen Niederwildreviers. Heute nehme ich Sie mit auf eine beschauliche Jagd, die ich sehr liebe: den Abendeinfall der Enten. Es ist September, die Jungenten sind voll beflogen und wir zwei werden uns rechtzeitig einen Platz am Ufer des Wiesenbaches suchen.

Es ist eher ein kleines, teilweise vier Meter breites Flüsschen, das sich hier, von keiner Verbauung behindert, in Mäandern durch das sanfte Wiesental schlängelt. Die verflochtenen Wurzeln der alten Erlen, welche die Ufer säumen, halten wie eine Befestigung den Fluss im Zaum. Zu beiden Seiten steigt das Gelände sanft auf die Ebene der Korn- und Maisfelder an. Dort, wo der Wasserlauf einen weiten Halbkreis macht, ist unser Platz am Stamm einer bis zum Boden belaubten Erle. Wir haben unsere Jagdstühle mitgenommen, denn erst wenn dämmernd der Abend naht, werden die Enten kommen. Ringeltauben streben von den Feldern zu ihren Schlafbäumen. Die wollen wir heute nicht bejagen, denn vorzeitiges Schießen würde uns die Enten vertreiben. Hinter uns platscht eine Bisamratte ins Wasser. Cita, meine Kurzhaarhündin, die erfahrene Tochter von Birko, der längst in den „ewigen Feldern" jagt, sitzt aufmerksam neben uns. Verwundert beäugt sie jetzt den Bisamratz, der flussabwärts rinnt. Vom einige hundert Meter entfernten Bauernhof hört man die abendlichen Stallgeräusche: Kettenrasseln, Eimerscheppern, Zurufe des Melkers. Im Westen ist die tiefstehende Sonne hinter einer Wolkenbank verschwunden. Im Dämmerlicht sind schon die Fledermäuse über dem Halbrund des Flusses. Der Große Abendsegler stößt in seinem Schaukelflug nach seiner Beute, und auch die kleinen Flatterer schwirren und gaukeln durch die Abendlüfte. Die Zeit scheint still zu stehn. Aus dem feuchten Grund steigen die herbstlichen Düfte der Wiesenkräuter. Fern am Horizont sehen wir schon das erste Schoof Enten auf die Felder ziehen. Und plötzlich ist die erste über uns, kreist einmal längs des Wassers und fällt mit sanftem „schschsch" ein. Sie schauen mich verwundert an, warum ich sie nicht geschossen habe. Es entlockt Ihnen ein „Ah so!", als ich Ihnen erkläre, dass dies der Kundschafter war. Schnell wird es nun dunkler. Ein „quack-quackquack" hinter uns; jetzt wird's Ernst. Schon sind sie über der Halbrundblöße, kommen spitz auf uns zu und auf meinen Doppelschuss fallen mit dumpfem „Plump" zwei Enten hinter uns ans jenseitige Ufer. Die anderen steilen hoch und verschwinden hinter den Bäumen. Das war schon mal ein schöner Anfang. Da kommt eine Einzelne von rechts und fällt auf den zweiten Schuss in die Wiese vor uns. Jetzt darf die Cita sie holen. Sie möchte gerne die anderen zwei von drüben bringen, doch ich halte sie noch zurück. Sie ist nicht mehr die Jüngste und soll nicht so lange mit nassem Fell dasitzen.

Aus dem rosigen Abendlicht im Westen sehe ich pfeilschnell Krickenten heranstreichen – gut vorgeschwungen, und eine fällt uns fast vor die Füße. Weg sind die anderen. Langsam wird das Licht immer schwächer. Ein paarmal habe ich schon die Flinte hochgenommen, irritiert von den großen Abendseglern. Es wird Zeit aufzuhören. Gerade kommt ein neues Schoof heran und fällt, ohne lange zu kreisen, etwa 50 m flussabwärts mit Rauschen ein. Jetzt noch zu schießen, ist keine gute Jagd, man sieht nicht mehr, falls eine Ente angeschossen wurde.

Die Cita schaut mich erwartungsvoll an und auf einen Wink schwimmt sie ans jenseitige Ufer, um die beiden nach drüben gefallenen Breitschnäbel zu holen. Wir hören sie im Schilf herumrascheln und nach kurzer Zeit erscheint sie mit einer Ente im Fang. Aber sie bringt nicht, sie dreht um und ist wieder verschwunden. Fragend schauen Sie mich an – will der Hund nicht ins Wasser? Nach einigem Geraschel ist sie wieder da – mit beiden Enten im Fang, schwimmt herüber und setzt sich brav. Beide hat sie am Kragen gefasst, um sie so besser tragen zu können. Sie schütteln ungläubig den Kopf; in Ihren Augen sehe ich: „Ja, gibt's denn so was?!" Die erfahrene Hündin hatte nicht vergessen, dass es zwei Vögel waren. Solch einen Hund hat man nur einmal im Leben.

Ich schlaufe die vier Enten in den Galgen an meiner alten Jagdtasche. Beim Weggehen schlagen sie schaukelnd an mein Knie. Als wir an dem Platz vorbeigehen, wo die Enten eingefallen sind, sehen wir sie zusammenrudernd in der Mitte des Wassers liegen. Jetzt in der Dunkelheit wollen sie nicht mehr aufstehen – wir lassen ihnen ihre Ruhe. Wie ein Abschiedsgruß klingt das zufriedene „bräät – bräät – bräät" eines Erpels hinter uns her.

* * *

Eine schöne Gamspirsch könnten wir noch zusammen machen. Ich weiß ganz hinten im Tal, schon fast bei der Landesgrenze, einen guten und reifen Bock. Im Sommer stand er mir schön her, doch ich wollte die Jagd auf ihn „schwarz auf weiß" erleben. Und jetzt ist es weiß, mehr als uns lieb ist. Seit Anfang November hat es fest geschneit. Mit vier Ketten am Allrad kommen wir ganz schön weit hinauf. Doch jetzt geht's nicht mehr weiter. Der Wagen sitzt auf. Mit Mühe kann ich ihn talwärts umrangieren, sodass wir heimzu kein Problem haben. Ich werde voraus gehen; Sie werden sich so leichter tun und in meiner Spur hinter mir und meinem Schweißhund aufwärts stapfen. Als Erstes wandern die warmen Sachen in den Rucksack, wir werden noch genug schwitzen. Gleichmäßig geht es Schritt vor Schritt. Das Bergler Gesetz heißt: Zeit lassen!

Seit drei, vier Tagen hat es nicht mehr geschneit, der Schnee ist schon ein wenig zusammengehockt. Das Wild hat reichlich Fährten gezogen, denn die Brunft ist in vollem Gang. Hier auf der Höhe steht kaum ein Baum, nur wenige Latschen ragen aus dem Weiß. Gach geht's hinauf. Ich muss gehörig schnaufen. Da habe ich uns bei dem hohen Schnee eine schwere Tour vorgenommen. Wenn das lange Steilstück überwunden ist, werden wir uns leichter tun. Droben bei der Koblatt Hütte ist's fast eben. Bis dahin müssen wir, da haben wir guten Ausblick auf den Haldenwanger Kopf, da muss das große Gamsrudel stehen, hier sollte auch mein gesuchter Bock dabei sein. Mit Rasten und Umschau haben wir gute drei Stunden gebraucht. Ja, dort oben ist Bewegung. Doch wir müssen viel näher heran. Noch ein letztes Steilstück und wir können uns aufschnaufend im Schatten der Hüttenwand niederlassen, gut gedeckt hinter einem Felsbrocken. Tadellos sind wir herangekommen, die Gams vor uns konnten uns nicht eräugen, da wir stets überriegelt waren. Schnell wechseln wir das verschwitzte Hemd, hüllen uns in wärmenden Loden. Der Hund darf ums Hütteneck in der Sonne liegen, wo der Schnee ein wenig weggeapert ist. Der Wind kommt links von Süden über den Grat – keine Gefahr, solange die Gams nicht rechts von uns ziehen. Dort, wo sie stehen, an einem breiten Lahner ist der Schnee teilweise abgerutscht, und mit den Vorderläufen schlagen sie die Reste vom Gras, dass das Geriesel in ständigem Strom zu Tal rinnt. Gaisen, Gaisen, Gaisen und Kitze zeigt uns das Spektiv. Kein Bock dabei. Eben noch im Heraufgehen sahen wir Bewegung beim Rudel, jetzt herrscht hier Friede. Da wird der Bock entweder einen anderen davongeteufelt haben oder er ist hinter einer widerspenstigen Schönen her. Wir haben keine Eile. Noch ist die Sonne hoch am Himmel. Obwohl der Wind steif über unseren schattigen Platz streicht, kann man es gut aushalten. Die beste Gelegenheit, den Rucksack zu öffnen und Brot, Tiroler Speck, Apfel und Schokolade herauszuholen. Dazu eine kleine Flasche leichten Roten. Vor uns baue ich die Herrlichkeiten auf, hole den Nicker aus der Tasche und – da muss ich ihn schon wieder weglegen. Durch eine Felsscharte pflügt ein starker Gams senkrecht herab auf das Rudel zu, dass der Schnee nur so aufstäubt. Wo ist das Spektiv? Jetzt steht der Schwarze blädernd bei einer Gais. „Oha, Herrschaftsaxn", das ist einer der Extraklasse! Es ist nicht der vom Sommer, der war eng gestellt. Dieser hier hat weit geschwungene, hohe Krucken – und der Pinsel? Oh ja, der zeigt einen älteren Jahrgang an. Auch die Figur, der Grind – alles spricht für einen reifen Bock. Vergessen Brot, Speck, Wein! Rasch Platz gemacht für eine gute Auflage meiner Kipplaufbüchse. „Wie weit?", fragen Sie. Nun ja, da braucht's gut zusammenschaun, es werden so an die „ndert" Meter sein. Das ist für meine geliebte Scheiring kein Problem. Das Problem ist die Auflage für meinen Ellbogen. Dazu muss ich mich nochmals „umbetten". Ja, jetzt passt's! Ständig umkreist der Bock seine Auserwählte. Ständig fährt das Fadenkreuz mit. Sekundenkurz steht er brettlbreit, und der Schuss fährt gellend aus dem Stahl. Der Getroffene macht eine Levade wie ein Lipizzaner und walgt, kugelt, sich überschlagend hangab. Das Echo rollt über die Felswände; verschreckt fährt das Rudel zusammen. Meine Hündin ist aufgestanden und äugt um die Hüttenecke. „Geh' schön Platz!" Und sie verzieht sich wieder.

Der Puls kommt langsam wieder zur Ruhe. Das hat ja geradezu programmgemäß geklappt. Am Ende seiner roten Rutschbahn liegt die Krönung eines Jagdjahres. Kaum kann ich's erwarten, hinaufzugehen, das Haupt des Edlen hochzunehmen, die Jahresringe zu zählen, die seidige, schwarze Decke zu streicheln und den bereiften Bart zu rupfen. Während schon die Kolkraben – wie immer die ersten Gratulanten des Jägers –, über uns kreisen, fragen Sie: „Ja, geht das denn immer so g'schwind?" Da kann ich nur antworten: „Wenn's halt mag!"

So, genug! Wir haben ausgiebig herumgegraben im alten Rucksack. Am besten, wir schnüren ihn jetzt zu. Doch halt! Aus der kleinen Seitentasche hole ich den zinnernen Flachmann mit dem Enzian. Einen besonderen Schluck widme ich Ihnen. Wie schön, dass Sie mich begleitet haben.

Aus unserem Programm

ISBN 978-3-7020-1173-4

Leopold Stocker Verlag
Graz – Stuttgart

Aus unserem Programm

ISBN 978-3-7020-1219-9

Leopold Stocker Verlag
Graz – Stuttgart

Aus unserem Programm

ISBN 978-3-7020-1083-6

Leopold Stocker Verlag
Graz – Stuttgart